増補改訂

猫の日本史

猫と日本人がつむいだ千年のものがたり

桐野作人・吉門裕［著］

戎光祥出版

はじめに

二〇二〇年九月、福井県美浜《みはま》町の遺跡で、須恵器片《すえきへん》に猫の足跡が発見されたと報道があった。古墳時代後期のものと思われる。

兵庫県姫路《ひめじ》市見野《みの》古墳群で二〇〇七年に見つかって以来の「肉球遺跡《にくきゅういせき》」である。見野の郷交流館ではレプリカを展示しているとか。この交流館では二〇二二年十月からの『千姫と姫路城展』で「猫が寄り添う千姫像」（茨城県常総《じょうそう》市弘経寺《ぐぎょうじ》所蔵）を前面に推しており、つくづく猫に縁が深い。肉球遺跡は他にもある。愛媛県松山《まつやま》市の湯築《ゆづき》城資料館にも、猫の足跡がついた土師器《はじき》の皿が展示されており、SNSでも人気である。

二〇一一年には長崎県壱岐《いき》市のカラカミ遺跡でイエネコの橈骨《とうこつ》が発見され、ニッポンの猫の起源が一気に弥生時代にまでさかのぼった。かつて、国内では猫の棲息は奈良時代からなどといわれていたものだが、今は昔。珍しいところでは、二〇〇〇年に福島県郡山《こおりやま》市でサンリオのハローキティの頭部そのものといった感じの「猫型土器」が発見されている。

猫の姿は『古事記《こじき》』にも『万葉集《まんようしゅう》』にも、すべての勅撰和歌集《ちょくせんわかしゅう》にもない。猫はメジャーな存在ではないのだ。しかし、彼らは「足跡」ひとつとっても、さまざまに刻まれている。たとえば、江戸幕府の公用日記『柳営日次記《りゅうえいひなみき》』寛文十二年（一六七二）の分には、点々と墨の肉球跡が残っている（高尾善希氏ご教示)。

わざと足あとをつけた人間もいた。幕末期に海防掛《かいぼうがかり》などを歴任した川路聖謨《かわじとしあきら》は奈良奉行時代、江戸の母に近況を送り続けた。この『寧府記事《ねいふきじ》』弘化四年（一八四七）四月の記事に、かつて奈良には「狐《きつね》を好み猫を愛した」奉行がいたとある。狸《たぬき》を殺して五十日間入牢となった商人が、自宅で猫を飼っていた。残された猫のために奉行は「肴《さかな》代二百疋」を与え、二人扶持《ぶち》にて門番に託したというのである。

奉行が江戸に帰ったあとも二人扶持は続けられ、飛脚で猫の安否を確かめてきたという。仕方なく門番は、猫の足に墨をつけ紙の上を歩かせて、それを江戸に送ったということだ。「さてもいろ〳〵の御方もありけるよ」と川路は記している。

悪戯《いたずら》もあった。明治の彫刻家・高村光雲《たかむらこううん》は、修行時代に大根で猫の足跡のハンコを彫り、灰をすりつけて台所にぺたぺた押して、あたかも猫が入ったかのごとく偽装した。そうやって刺身を盗み食いしたというのである。さすがの出来栄えで、あとで師匠の三毛猫が散々に叱られており、たいへんに後悔したということだ。

大丈夫、猫はメジャーではないけれど、それでも猫飼いはずっといた。日本史上では小さな小さな、猫の足跡を辿ってみよう。

二〇二三年十月

吉門 裕

目次

第二章　猫の自由と受難

第三章　猫、太平の世を生きる

コラム

第一章

猫、王朝時代に生きる

猫のあけぼの

平安時代の猫というと『源氏物語《げんじものがたり》』の猫のように、宮中や貴族の館の高貴な猫が思い浮かぶ。しかし、庶民の猫も、もちろんいた。

『今昔物語集《こんじゃくものがたりしゅう》』の「大蔵大夫《おおくらのだいぶ》藤原清廉《ふじわらのきよかど》、怖猫語（ねこをおそるること）」に登場する藤原輔公《すけきみ》は、実に奇抜な方法で税を徴収したことで知られている。納めるべき官物《かんもつ》を納めず済まそうとする藤原清廉という男がいた。彼の弱点は巷で有名だった。「猫が恐い」のである。人々は彼の前に猫を引き出してはからかったという。藤原輔公はクレバーだった。狭い部屋で清廉を大猫五匹に囲ませるという、人によったら嬉しさ爆発の「猫拷問《ごうもん》」を編み出したのである。降参した清廉は官物を一括納入したということだ。

この話は説話といえるが、清廉が大夫になったのは寛弘元年（一〇〇四）のことで、一条天皇《いちじょうてんのう》期である。輔公も実在の受領《ずりょう》階級貴族で、藤原北家魚名流《ほっけうおなりゅう》。源頼朝に仕えた安達盛長《あだちもりなが》が同じ家系といわれる（足立遠元《あだちとおもと》はその甥）。歌人の西行《さいぎょう》も魚名流といわれる。

「猫恐の大夫」は日ごろから猫ドッキリで弄ばれていた。猫はふつうに市中にいたのだ。

「猫拷問」の猫たちは「灰毛斑《まだら》」の「長ケ《た》一尺余」の「目が琥珀のように赤い」猫であったという。猫の原種は、アグーチと呼ばれる「毛の一本一本に縞がある」模様で、黒っぽい茶のフルカラー（全身柄）、いわゆるヤマネコ型である。「灰色斑」はそれではないだろうか。

だが、猫には絶えず「帰国子女」がいた。鼠除《ねずみよ》けの猫を船に乗せるのはアジアに限らず一般的で、西洋でもロイズ商会の海上保険が猫無し船にはかけられなかったほどだ。『源氏物語』の末摘花《すえつむはな》の姫君が「黒テンの毛皮」を羽織っていたように、舶来品は欠かせなかった。

几帳《きちょう》や屏風が日常アイテムの、隙間風だらけの京の館で、基本的には裸足で暮らした男君・女君たちを、猫はさぞ温めていたに違いない。そうして猫は増えていく。

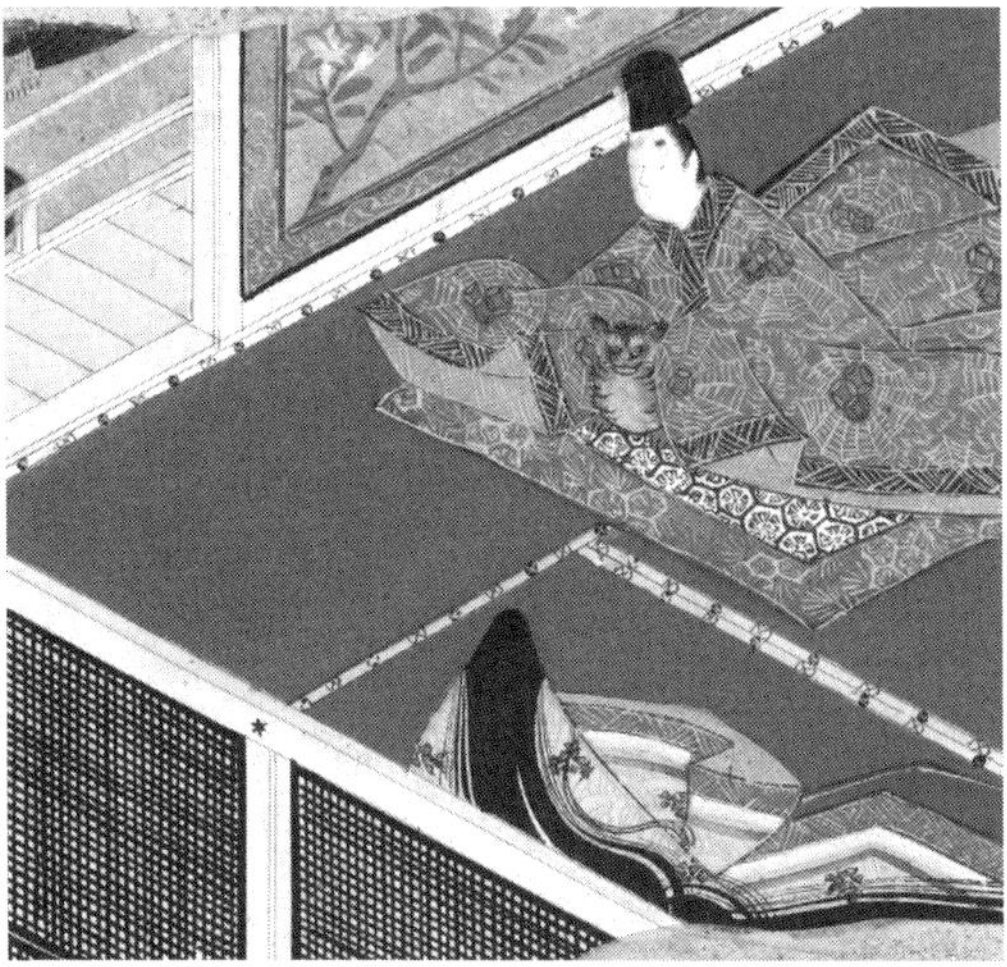
『源氏物語絵巻』　猫をかわいがる様子がみえる　メトロポリタン美術館蔵

1．猫、帝と見つめ合う
——宇多天皇と父と黒猫

日本史上最古の「猫飼いさん」は、父帝によって臣籍降下《しんせきこうか》された「リアル源氏の君」であった。天神《てんじん》となった寵臣の物語の影で、その猫は消えていくはずだった。

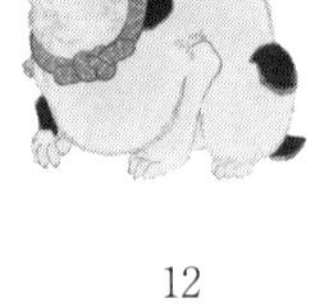

皇位継承は突然に

いずれの御時というと、それは宇多《うだ》天皇の御世のことである（系図参照）。世にも稀な経歴の人であった。父である光孝《こうこう》天皇が皇位を継いだのは、五十五歳という高齢になってから。それも、突然の立太子《りったいし》および践祚《せんそ》であった。

先代の陽成《ようぜい》天皇は即位まではさくさく進んだ。「清和《せいわ》天皇の第一皇子」「生まれた翌年に立太子」「父帝崩御によって九歳で即位」。ただ、母は時の権力者である藤原基経《もとつね》の妹・高子《たかいこ》。基経は帝の叔父にすぎない。父帝はもういない。この場合、母后《ぼこう》の威光が大きくなる。が、この兄妹は、不幸なほど不仲であった。

結果、陽成天皇は在位八年で退位に至る。宮中で馬を乗り回すなど、その乱行ぶりが目に余ったと

いう。「殺人を犯した」という噂さえあった。が、史実としては確認できない。政治闘争の結果、基経が高子ごと陽成帝を排除したのではなかろうか。『日本霊異記《にほんりょういき》』や『今昔物語集』などに陽成帝の悪行についての逸話がことさら目につくことにも、後世の作為が感じられる。

とはいえ、陽成帝は健在で、同母弟である皇子もいた。後継の光孝帝は先帝の祖父の弟に当たり、いかにも遠い。

光孝帝は即位したのち自ら忖度して、なんと数多い子女全員を臣下に降下させた。自分は一代限りだと宣言したようなものである。第七皇子であった「定省《さだみ》親王」(のちの宇多天皇)も「源定省」となった。

基経の計算違いは、光孝帝がわずか三年足らずで病を得たことである。皇統を元の陽成帝の弟に戻そうにも、まだ高子も(陽成さえも)健在だった。腹を括った基経は、光孝帝の子のなかから定省を選んだ。そして崩御の日に皇族に戻し、立太子させたのである。「侍従《じじゅう》」として宮中に仕えていた身で、皇太子という地位をまったく経ないまま、「源定省」は宇多天皇となった。基経の弱みであった「天皇との血縁の薄さ」は、皮肉なことに陽成帝のときよ

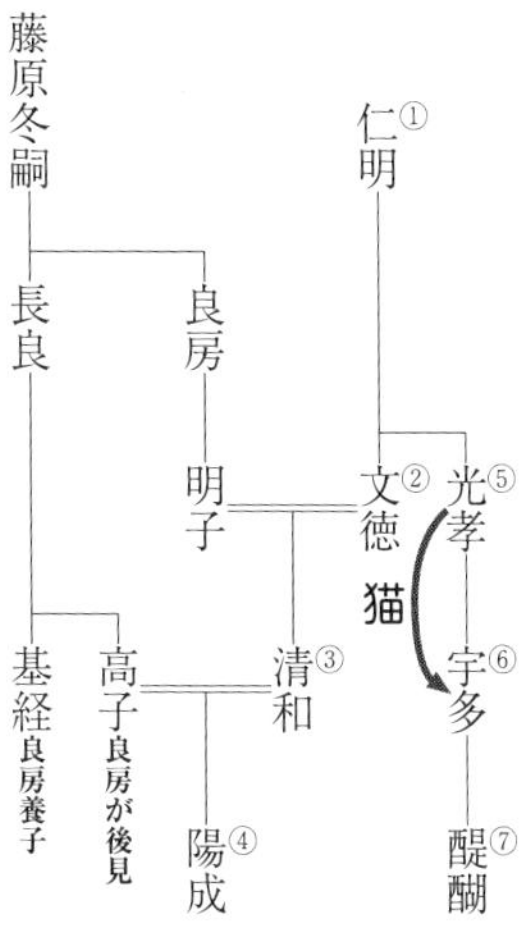

系図1　阿衡事件時の宇多天皇人物関係図　丸数字は皇位継承順
＊良房が摂政となった背景：即位した清和はまだ9歳／祖父帝・父帝とも故人／母后は娘で清和は外孫

り遠くなった。

先の関白《かんぱく》・良房《よしふさ》は、婿の文徳《もんとく》天皇が急死、孫の清和がわずか九歳で即位という絶好の条件を得て「史上初の摂政《せっしょう》」となった。が、良房には実子がおらず、継いだのが甥の基経だった。基経は急ぎ、娘を光孝帝に入内させたが子は生まれなかった。しかも宇多天皇の母は皇族であり、藤原氏ですらない。

若き宇多帝は意欲的に政務にあたった。本来は天台諸寺で学び、十七歳で仏門に入ろうとして「世の中を見てからに」と母后に諭されるような性格だった。

新帝はまず、基経に対して「摂政太政大臣《だいじょうだいじん》、万機《ばんき》に関わり白《もう》す詔《みことのり》」を発し、関白就任を要請した。そして型どおり「遠慮」を示した基経に、通例どおり「太政大臣関白を辞するに答ふる勅」を遣わした。勅は、文章博士《もんじょうはかせ》が中国の故事を駆使して練り上げる。この二度目の勅に「よろしく阿衡《あこう》の任を以て卿が任と為すべし」という一文があった。阿衡というのは古代中国の位であり、基経宛ての文書にも使われたことがあった。しかし今回、基経は「阿衡は名誉職。本心では私をお望みでないのですね」と出仕を拒否したのである。のちの大坂の陣の「国家安康《こっかあんこう》」の言いがかりに似ている。

当然ながら、諸卿は基経の側についた。基経のストライキは初めてではなく、また公卿たちの常套手段でもあり、こじらせると面倒だったのだ。綸言《りんげん》汗のごとしというが、新帝は涙をのんで勅を撤回した。基経はさらに畳みかけ、問題の勅の起草者である橘広相《たちばなのひろみ》を処罰すべき、とまで帝に迫ったのである。広相は、帝が深く信頼する臣であった。

いきなり即位し、礼を尽くした臣下にサボタージュされ、罪も無い寵臣を罰せよと言われた年若い帝。こんな状況を、受難といわずして何といおう。

宇多天皇が、現代の猫ブログの嚆矢ともいうべき、本邦初の猫日記を綴ったのは寛平元年（八八九年）の二月のことである。「阿衡の紛議」が一年あまりかけて解決した翌年のことであった。

帝は二十三歳となっていた。

「朕の猫」

朕閑時、述猫消息曰（ひまをみつけたので、猫について綴った）

さりげない書き出しだが、閑《ひま》をみて腰を据えたというだけあり、内容は濃い。その猫は、大宰少弐《だざいしょうに》（大宰府の役人。弐は、すけという意味）の源 精《みなもとのくわし》という臣が、父である光孝天皇に献上したものだった。

皆浅黒色也、此独深黒如墨（猫は浅黒いものなのに、これだけは墨のように漆黒だ）

黒猫である。体長は一尺五寸（約四十五センチメートル）、高さは六寸（約二十センチメートル）という体格であった。身体を曲げるとキビの粒のように小さくなるが、伸びると弓のようであり、瞳は輝き、針の切っ先が揺れたようにみえたという。瞳孔が縦にのびた目の描写であろう。

其伏臥時、団円不見足尾、宛如堀中之玄璧（臥せると、丸くなって足や尾が見えなくなり、黒い玉のように見える）、

其行歩時、寂寞不聞音声、恰如雲上黒竜（歩くときは音もなく、まるで雲上の黒い竜のようだ）

仕草のいちいちを眺め、ホメたたえる。愛猫家あるあるだ。どの猫より俊敏で鼠をよく捕ると、能力を讃えることも忘れない。しかし、それゆえに慈しむのではなく「因先帝所賜（帝から賜ったゆえに）」「雖微物殊有情於懐育耳（とるにたらないものだが大事なのだ）」と、ツンデレ気味である。

汝含陰陽之気、備支竅之形、心有心寧知我乎（お前は陰陽の気を宿し、四肢七穴を備えたものなのだから、私の心がわかるだろう）

なんと猫に語りかける一文である。

猫乃嘆息、挙首仰睨吾顔、似咽心盈臆口不能言（猫は溜息をつき、私を見上げて咽を鳴らして何か言うようだったが、言葉にはならなかった）

黒猫は喉をゴロゴロ鳴らして、声にならない鳴き声をたてた。サイレント・ミャオ（ミュウ）は、実は高周波数の声が出ていて鳴き声が聞こえないだけともいう。仔猫によくみられる愛らしい仕草を、一千年以上前に帝自ら書き留めていたのである。

源定省時代に猫をもらって五年、毎日「乳粥《にうのかゆ》」を与えて慈しんできた。「牛乳粥」というと猫を心配してしまうが「酪《らく》」のことだろう。『和名類聚抄《わみょうるいじゅしょう》』に「温牛羊乳日酪、乳酪和名邇宇能可遊」とある。「邇宇能可遊《にうのかゆ》」つまり「乳の粥」である（『和漢三才図絵《わかんさんさいずえ》』でも同じ字があてられている）。作り方は乳を半杓、充分に炒り、乳を足し入れながら杓で攪きまわし、数十沸するまで煮る。鑵《かん》に移し冷えたのち、浮いた皮を掠め取り「酥《そ》」にするとある。そこに古い酪を少しばかり入れ、紙封して収めれば出来上がる。

藤原実資《さねすけ》の日記『小右記《しょうゆうき》』にも、重病人に「煎じた牛乳」を勧めた記述がある。療養食・栄養食・貴重なタンパク質として、渡来人からの技術指導のもとに典薬寮《てんやくりょう》には牛乳専門の役人が、諸国には「乳戸《にゅうこ》」が定め置かれ、安定的供給が図られていた。だが冷蔵技術がないので加工技術が発達し、「蘇」や「酪」となったのである。

この日記は、後世の猫記録を含めて、極めて貴重なものであった。

①猫の来歴
②猫の色柄
③猫の仕草や佇まい
④飼養の工夫
⑤猫の能力
⑥猫への思い入れ
⑦猫の反応

すべてに言及している。が、名前は残らなかった。

黒戸の皇子

『徒然草《つれづれぐさ》』には、光孝天皇の段がある。清涼殿《せいりょうでん》北の「黒戸《くろど》の御所」は、光孝が若い頃より炊事などして暮らし、煙で煤《すす》けた部屋だという。建て替えを経ても「黒戸」の名が御所から消えることはなく、のちに平治《へいじ》の乱において、源義朝《よしとも》が二条《にじょう》天皇を軟禁した場所であったといわれる（異説もある）。さらに戦国期には、後土御門《ごつちみかど》天皇の葬儀費用が調達できず、四十三日もこの部屋に安置されたという戦慄のエピソードが伝えられている。江戸時代には仏間《ぶつま》であったらしい。

光孝天皇は『小倉百人一首《おぐらひゃくにんいっしゅ》』でも知られる。

君がため　春の野にいでて　若菜つむ　わが衣手は　露にぬれつつ

この一首前は「すでに源氏（臣下）降下している」という理由で光孝帝に皇位を取られた（といわれる）源融《とおる》、さらにその一首前は、他ならぬ陽成天皇の歌である。

宇多天皇は「朕の鍾憐《しょうれん》するところ」という父の推薦で選ばれたと伝わる。黒猫は、いってみれば父の形見であった。黒く輝く小さな獣に、その声にならない声に、どれほど青年天皇の心が慰められていたことだろう。

「天満大自在天神」

基経が「阿衡の紛議」に折れたきっかけには、かの菅原道真《すがわらのみちざね》からの諫言があったという。道真は、わざわざ任地の讃岐から帰京して厳しい意見を寄せた。以降、彼は帝の寵臣となる。帝は彼を最終的に右大臣《うだいじん》にまで引き上げ、ついに「内覧《ないらん》」の宣旨《せんじ》まで与えた。すべての政務書類に目を通すという、最高の職掌である。

在位十年で突然、帝は息子（醍醐《だいご》天皇）に譲位する。基経は没していた。基経の息子・時平《ときひら》はまだ若輩だ。宇多帝としては、もうやりきった感があったかもしれない。しかし道真は危惧し「いずれこれでは身は保てますまい」と、一官僚に戻りたい旨を再三奏上した。しかし許されず、後ろ盾を失くした道真はやがて失脚し、大宰府で客死するのである。

「月百姿」に描かれた菅原道真　国立国会図書館蔵

道真の左遷人事があったその日、宇多法皇は御所に駆け付けたが中に入れず、御所の前で座り込みに及んだという行動の人ではあったが、退位も出家も早すぎたのではないか。まだ三十一歳であったのだ。

道真の左遷とその横死は、その後、長く貴族社会を震撼させた。道真の死より二十年後、時平、時平の娘を娶った醍醐天皇の皇太子（保明《やすあきら》親王）、そしてその皇子が病死した。

道真の祟りがしきりに囁かれ、醍醐天皇は左遷の勅を撤回して、道真を右大臣に復し、正二位《しょうにい》を追贈した。七年後、御所の清涼殿を落雷が直撃し、死者が出るという前代未聞の惨事が起こる。道真は雷という驚くべき霊力を持つ怨霊《おんりょう》とされた。そして、醍醐天皇も崩御してしまうのである。

保明親王の死後、皇位を継いだ朱雀《すざく》天皇は、三歳まで几帳の奥で育てられたと伝わる。即位後も病弱で、時勢も多難であり、内親王ひとり残して譲位した。東宮《とうぐう》（皇太子）のまま没した兄の保明親王は「前坊《ぜんぼう》」と呼ばれていた。「前坊」といえば彼を思い浮かべた平安期、ある小説に「前坊」が登場する。『源氏物語』の、六条御息所《ろくじょうのみやすんどころ》の亡夫が「前坊」なのである。リアルタイム『源氏物語』読者はおそらく、六条御息所を「悲劇の夫」を持つ女性として読んだと思われる。

醍醐帝の急死は、宇多法皇が六十五歳にならんとするときであった。法皇となったのちも、熊野行幸・大和行幸など楽しみ、晴れがましい騎馬姿を見せるなど、華やかな晩年ではあった。が、宮中はずっと道真の陰に覆われていたともいえる。

翌年、宇多法皇は崩御した。艱難辛苦《かんなんしんく》のときであったにせよ、龍に例えた黒猫を胸に未来を見ていた頃は、やはり青春のときだったのである。そして、彼が猫について記した日記『寛平御記《かんぴょうぎょき》』は、時を経て失われてしまった。

彼が慈しんだ黒猫は、名もないままに、歴史に忘れられていくはずだった。

Column

①猫、刀に迷惑する

まだ大学寮《だいがくりょう》で学んでいる頃の、若き菅原道真を主人公にした『応天の門《おうてんのもん》』は、平成二十五年（二〇一三）から連載している人気コミックである。令和五年には宝塚歌劇にもなった。少年・道真はアタマが切れて知識も深く、とことん口の悪い文章生《もんじょうしょう》として描かれている。かの在原業平《ありわらのなりひら》を相棒に平安の難事件を解決していく、一種のクライムサスペンスだ。と同時に、東京大学史料編纂所の本郷和人氏が監修する本格派であり、藤原基経や高子など実在の人物が勢ぞろいし、読み応えがある。

道真は案外、こんな感じの人物だったかもしれない。そのシビアさが、多くの敵をつくったらしいことも伝わっている。そんな彼を祀る北野天満宮《きたのてんまんぐう》（京都市上京区）には、道真の守り刀と伝わる脇差があるのだが、銘がなんと「猫丸」である。

由来は、この刀を立てかけておいたとき、走ってきた猫がぶつかって、まっぷたつに切られてしまったというエピソードだ。全世界の猫好きの叫び声が聞こえるようだが、鑑定によるとそれほど古い作ではないそうで、あくまで「伝」であるということだ。

猫と刀は案外と縁があり、禅問答《ぜんもんどう》においては

「南泉斬猫《なんせんざんみょう》」という口案《くあん》がある。「南泉一日、東西の両堂、猫児を争う」というアレで、「猫に仏性があるか」を問うた挙句に猫を斬らざるをえなくなるという、猫には迷惑千万な案件だ。ちなみに京都・南禅寺《なんぜんじ》（京都市左京区）には、これにちなんだ長谷川等伯《はせがわとうはく》の「南泉斬猫図」がある。

この問答と「猫丸」をコラボレートさせたような刀が「南泉一文字」である。『詳註刀剣名物帳・附・名物刀剣押形』によれば、「昔此刀にて猫を切たる事あり。經山寺南泉の事に依て名づけたる由、秀頼公の御物なり、慶安十六年（一六一一）三月廿八日二条城へ渡御の節秀忠公へ上る。又拝領」とあり、さらに「南泉の事は傳燈録に在り慶安十六年とあるは誤りなり」云々と注意書きが添えてあった。

これは「慶安」ではなく「慶長」の十六年（一六一一）三月、つまり二条《にじょう》城における豊臣《とよとみ》秀頼《ひでより》と徳川家康《とくがわいえやす》の、有名すぎる対面を指す。その後、徳川家から、尾張徳川家に伝わった。

元は室町将軍《むろまちしょうぐん》家の御物《ぎょぶつ》で、研ぎに出した際、たてかけていたら倒れて猫の仔を切ってしまった、というまさに「猫丸」そのものの逸話がある。二寸三分。今は徳川美術館が所蔵している。

どちらも猫と猫好きにとって恐ろしい話であるが、江戸時代人にとっても同様であったらしい。江戸時代後期の狂歌師《きょうかし》、かの大田南畝《おおたなんぽ》は猫好きで、「南泉斬猫」については、こんな狂歌で釘をさした。

　東西で　あらそふとても　きることは　よ
　しなんせんか　猫の迷惑

他にも、よせばいいのに「守り刀で愛猫を遊ばせていたら刀を持ち去られてしまった、魔性のものだったら何としよう」と悩む法印の逸話が『古今著聞集《ここんちょもんじゅう》』に収載されている。守り刀なんぞで遊ばせるほうがどうかしている。

反面、平和的なモチーフとして、刀の装飾に用いられた。東京富士美術館には、鐔《つば》に蝶《ちょう》と牡丹《ぼたん》と猫があしらわれた「黒蝋色塗鞘大小《くろうるしぬりさやだいしょう》拵《こしらえ》」という一揃いがあるし、メトロポリタン美術館には、しっぽが二本あるユーモラスな猫《ねこ》又《また》の彫金が施された「猫図鍔《つば》」がある。

そして藤原氏の氏寺である春日大社《かすがたいしゃ》には、猫が雀を追う長閑な図案の「金地螺鈿毛抜形太刀《きんじらでんけぬきがたたち》」がある。鞘に施された黒白の愛らしい猫は螺鈿細工で、竹林などは蒔絵という豪奢なつくりだ。当たり前だが国宝である。

平成二十八年（二〇一六）に、拵えの金具部分は「金箔」ではなく、平安時代としては極めて高純度の、ほぼ純金に近い「金無垢《むく》」であったことが判明し、話題になった。これほどの刀である。奉納者は摂関家の御曹司・藤原頼長《よりなが》ではないかといわれている。大河ドラマ『平清盛』で山本耕史が演じて有名になった、あの峻厳な、古今無双の秀才だ。

なぜ彼なのか。彼の猫の逸話はコラム「猫、埋葬される」につづく。

猫図鍔　メトロポリタン美術館蔵

2. 帝、猫を贈る——花山天皇と、義母と猫

気弱な帝が弟に娘を託した。その娘と、義理の息子と、猫のものがたりである。

猫に溺れる男君

現代ニッポンで、もっとも有名な「フィクションの猫」は『吾輩《わがはい》は猫である』の名無しの猫であろう。この猫が一九〇五年に登場するまで、その地位にいたのは『源氏物語』の猫だったかもしれない。この猫にも名前がなく、しかも、五十四帖のうち二帖にしか登場していない。

主人公の光源氏《ひかるげんじ》が四十歳になろうという頃であった。死んだ愛人・六条御息所の邸宅を拡張した広大な「六条院」に住み、彼女の娘を養女として冷泉《れいぜい》帝に入内させ、中宮《ちゅうぐう》（正妻）とすることに成功し、後見として太政大臣に登りつめた。そして、臣下でありながら特例で准太上天皇となる。

光源氏の若年期はすさまじい。義理の母である后に通じて不義の子を産ませ、義理の叔母である元皇太子妃を怨霊になるまで追いつめ、拉致した幼女を妻とし、親友の元カノを死なせて揉み消し、兄帝の恋人との情交発覚で都落ちという、とんでもない経歴である。その果てに、不義の子は帝となり、

実の娘は東宮妃《とうぐうひ》となり皇子を産む。

ここで終わっていたら『源氏物語』は、前代未聞の栄耀栄華の物語であった。そこにダメ押しのように、異母兄である朱雀院から、内親王《ないしんのう》降嫁の申し出があるのである。その内親王・女三《おんなさん》の宮《みや》は、朱雀院の愛娘《まなむすめ》であった。最愛の紫《むらさき》の上《うえ》を側室に追いやることになるが、女三の宮はまだ花の十五歳。不倫の恋人・藤壺《ふじつぼの》中宮の姪に当たる。それは紫の上も同様だが、宮はより身分が高い。断り切れなかった。この「若菜《わかな》の巻」以降、『源氏物語』は音を立てて悲劇となっていく。そのキッカケが、一匹の猫なのである。

紫式部げんじかるた 三十六 かしわ木　女三宮と柏木の出会いの場面を描いている。当時の猫は紐につながれていたようだ　国立歴史民俗博物館蔵

光源氏の親友の息子・柏木《かしわぎ》は、女三の宮を妻にと熱望していた。失意の柏木が六条院で蹴鞠《けまり》に興じていたとき、まだ人慣れない小さな唐猫《からねこ》が紐でつながれているのを、別の大猫が追いかけ紐が御簾《みす》にからまり、引き上げられてしまう。そして庭先にいた柏木は、宮の美しい姿を目撃するのである。

昼の光のもとで深窓の女人を、直に、

それも立ち姿を見るというのは、当時の常識においてショッキングすぎる光景であった。女三の宮への恋慕を募らせた柏木は、東宮（皇太子）のところにたくさんの猫がいるのを発見する。東宮は女三の宮の異母兄である。

内裏の御猫の、あまたひき連れたりけるはらからどもの、所々に散れて、この宮にも参れるが、いとをかしげにて歩く

「内裏の御猫」つまり御所に住む帝の猫である。冷泉帝は、猫好きという設定であった。そして仔猫（はらからども）がたくさん生まれて、あちこちに貰われていったのが、この東宮のところにもいたのである。ちなみに東宮も猫好きの設定である。

柏木は一計を案じた。女三の宮の猫を東宮の前で褒めそやし、東宮が所望するよう仕向けたのである。そして、献上された宮の唐猫と再会した柏木は、その猫を東宮から預かることに成功し、連れ帰って宮の身代わりのように慈しんだ。元祖ストーカー的である。すっかり慣れた仔猫の顔をのぞきこみ、柏木が話しかけると猫も応える。世界最古の「猫にデレる男」を描いた傑作ではないだろうか。まるで宇多天皇と、愛猫のようである。

このおよそ七年ののち、柏木は悲劇的な死を迎える。『源氏物語』のなかで、悲運の横死を遂げる男君は、柏木だけだ。光源氏によって死に追いやられた、ただ一人の男ともいえる。

さて、『源氏物語』の登場人物や人間関係には、古来、史実上のモデルが指摘されてきた。たとえば、

紫式部《むらさきしきぶ》が仕えた彰子《しょうし》の夫である一条天皇は猫好きであった。当時、猫はどのように「流通」していたのだろうか。現代と違い去勢・避妊手術を施せない。食餌・医療・環境の水準が現代以下としても、それなりに増えたはずである。貴族社会では猫たちを友好的・社交的にやり取りしていたと思われるので、『源氏物語』の描写は興味深いところだ。この点からも、宇多天皇の記録は貴重である。その猫は大宰府からの献上物、つまり正真正銘の「唐猫（舶来の猫）」であった。

そして、ここに一首の和歌が、当時の猫交流をほのめかすものとして残っている。この猫は、あるいは一条天皇の猫とも所縁があった可能性がある。実にこの時代らしい二人の男女の経緯とともに、少していねいに追ってみたい。

美しい義母

此御歌は、三条の太皇太后宮より、猫やあるとありしかば、人のもとなりしかをかしける居りしを、とりて奉りしに、扇の折れをふだにつくりて、首につなぎてあそばれし御歌と云々

しきしまの　大和にはあらぬ　唐猫の　君がためにぞ　もとめ出たる

和歌の前の説明部分を「詞書《ことばがき》」という。猫はいませんか、とつぶやいた「三条の太皇太后宮」に、男君は「をかしげなる猫」を手に入れ、一首を添えてプレゼントした。しかも、扇をひとすじ切って短冊にし、歌を書きつけ、猫の首につけて渡したという。雅である。

歌も、ただの歌ではない。男もすなる日記を女もなどと、千年前にジェンダー転換をしてのけた紀《きの》貫之《つらゆき》の歌が本歌である。『古今和歌集』恋歌の部にあるオリジナルバージョンは、こうなっている。

しきしまの　大和にはあらぬ　から衣　ころも経ずして　逢ふよしも哉

「敷島の」は日本を寿《ことほ》ぐ枕詞《まくらことば》で「大和」にかかる。「唐衣」はインポート、あるいはそれほどに高級な衣料のことだ。『源氏物語』にも舶来の衣が多く登場する。この「唐衣」から転じて「ころも＝頃も経ずして＝時を隔てないで＝間を置かないで」、つまり「いとしい貴女にすぐに逢えたら」という口説きの歌となるのである。こういった遊びは歌詠みの真骨頂で、さらにそれをリスペクトしてリメイク（本歌取り）するのも見事である。

『枕草子《まくらのそうし》』にも、猫の首に白い札を結んで名前など書くとある。男君は粋な歌と扇の細工で猫を飾ったのである。

宇多天皇の御世からおそらく、百年ほどあとの歌である。猫を贈られた「三条の太皇太后宮」は、かの「前坊」の弟・朱雀天皇が残した一粒種であり、母親は「前坊」の娘である熙子女王《きしじょおう》であった。熙子は昌子《しょうし》を産んですぐに死去。箱入り天皇だった朱雀帝は早々に譲位するに当たり、弟帝に娘の将来を託した。村上《むらかみ》天皇はその言葉どおり、息子である東宮の妃として娶せた。そして彼女は夫の即位と同時に（まだ子女も生まれないうちに）正式な中宮となった。

幸せな結婚とはならなかった。遊びに熱中しすぎたり、大声で歌ったりするなど、夫の冷泉天皇には奇矯《ききょう》な面があったらしい。が、狂気とまではいわない程度であったようで、摂関家から次々に妃も入内した。後ろ盾のない昌子は里に籠もりがちで、とうとう子宝には恵まれなかった。

いっぽう、猫を贈った男君は、誰あろう、ライバルの摂関家の姫が生んだ花山《かざん》天皇である。昌子には、義理の息子にあたる。彼がまた、臣下にだまされて皇位を追われたという突飛な経歴を持っていた。超一流の歌人で、多才。艶聞《えんぶん》も多く、十七歳で皇位につき、さる女御《にょうご》に夢中になった。が、懐妊中も寵愛ひとかたならず、まもなく女御は亡くなった。天皇は仏教にも深く傾倒されていたので、もう世を捨てたいという（ありがちな）心境に陥ったという。そこに「ご一緒に俗世を離れます」と立候補した臣がおり、しかもそいつは、帝がアタマを丸められた途端「家族に別れを告げてきます」と逃亡した。天皇は国家神事を執り行う存在であり、仏道に出家したらアウトだというのに。

と、いうのがよく知られたあらましであるが、現在の研究によると、出家はくだんの女御の死から一年以上もあとであり、より手の込んだ誘導があったようだ。それほど「天皇のすげかえ」を願う臣がいたのである。

当時でも、摂政・関白なら国政をほしいままにできるわけではなかった。娘を妃とし、産まれた子を即位させ、幼少天皇の祖父となって後見するのが王道であった。当時の権力者・藤原兼家《ふじわらのかねいえ》娘の詮子《せんし》が円融《えんゆう》帝の皇子を産んだとき、兼家はすでに四十七歳だった。二人の娘を二人の天皇に差し出し、二段構えで待った末だ。円融の後継者が花山帝である（系図参照）。

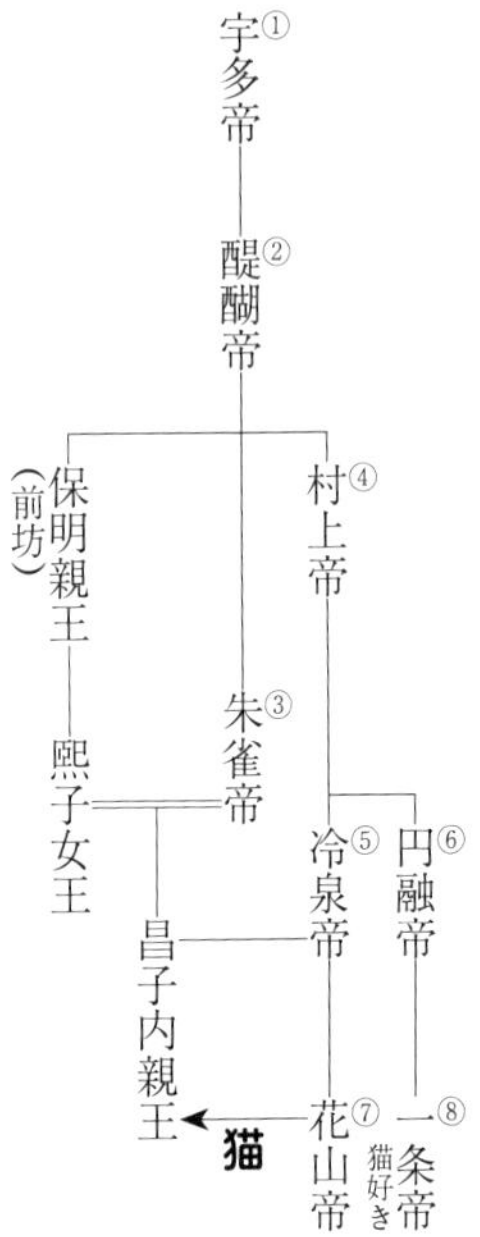

系図２　昌子内親王と花山帝と猫

もう、孫の即位を悠長に待っていられなかった。兄の伊尹《これただ》が孫宮の即位を目前に死んだのは四十九歳のときである。それに兼家にはもう、入内させる娘がいなかった。そこで出家騒動である。剃髪した花山帝の前から逃げた恥知らずの臣は、兼家の子である道兼《みちかね》であった。

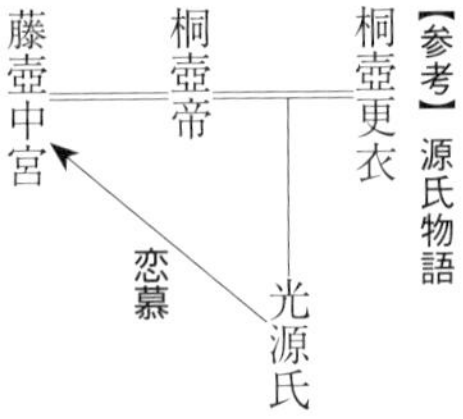

源氏物語がほのみえる

昌子にしろ花山院にしろ、一般的な意味では幸せな人生とはいいがたい。が、そこは平安時代である。親王と摂関家しか縁組できない「内親王」は、伊勢《いせ》の斎宮《さいぐう》か賀茂《かも》の斎院《さいいん》になり、あとは独身というコースが普通だった。摂関家に嫁ぐのでさえ、母親が「更衣《こうい》」以下の格下皇女がほとんどである。

両親ともに皇族という尊い身で皇后となった昌子は異例中の異例で、しかも父帝の遺産をすべて相続し、当時でも有数のリッチな女性であった。中宮から皇后、皇太后、太皇太后と進み、年金である

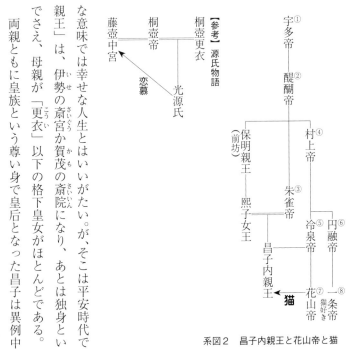

「封戸《ふこ》」も豊かだった。相続した大邸宅で、臣に護られ、信仰と社交に暮らした。

花山院にしても、その死まで確固たる地位を保ち、浮名も流しまくった。道長とも親しく、『御堂《みどう》関白記《かんぱくき》』には華やかな交流が綴られている。

花山院と昌子は信仰の篤さも似通っており、当時ならではの「おひとりさま」同士であった。そんな彼らには、猫は絶好の伴侶だったのではないか。美しく、貴重で、暖かい。ちなみに唐猫、という語の初見は、この花山院の歌ともいう。『栄花物語《えいがものがたり》』に「えもいはず美しき女御子」と書かれた昌子は、女三の宮のモデルともいわれる。「先の院が弟に託した内親王」という位置づけも『源氏』そのままだ。

が、この歌を眺めると、別の考えも浮かぶ。花山院は、美しい義理の母后に、戯れとはいえ恋の歌を贈ったのである。もし、本当に恋慕していたらどうだろう。光源氏と藤壺中宮、そのままではないか。

この歌以外、ふたりには何のエピソードも残っていない。猫に添えられたほほえましい一首だけが、この猫と、ふたりの関係の残り香である。が、『源氏物語』の猫は、猫史に少なからぬ影響を及ぼし続けた。紫式部がこの歌を知っていたか、今となっては知る由もないが。

Column

② 猫、絵巻に現る

絵画史料として最も古いジャンルのひとつである。

寺社の絵巻は創建の由来を伝えるものが多いが、最古の「猫」絵史料といわれる『信貴山縁《しぎさんえん》起絵巻《ぎえまき》』（国宝）はひと味違う。「朝護孫子寺《ちょうごそんしじ》」の中興の祖「命蓮上人《みょうれんしょうにん》」という、実在の個人についての絵巻だ。信貴山中にいながらにして、都の醍醐天皇の病を癒した高僧という。が、『扶桑略記《ふそうりゃくき》』によれば、命蓮の祈禱は延長八年（九三〇）で、例の清涼殿落雷事件の後である。醍醐帝は、まもなく崩御した。とはいえ、その功により信貴山は「朝護孫子寺」の勅号《ちょくごう》を賜ったとされている。

この絵巻のうち「尼公の巻」に、背中が黒いしろくろ猫がいる。奈良の民家に首輪をして繋がれているという、室内で寛《くつろ》ぐ飼い猫の姿だ。平安後期の十二世紀の作といわれる。

そして、鎌倉末期の正中年間が作成開始時期といわれる『石山寺《いしやまでら》縁起絵巻』（重文）にも、ちゃんと猫がいる（絵巻の作成は断続的に江戸時代まで続いた）。石山寺（大津市）というと紫式部が『源氏物語』の着想を得た場所というエピソード（巻四）が有名だが、菅原道真や菅原孝標女《たかすえのむすめ》、そして鎌倉幕府とも縁が深い。石山寺の三世座主《ざす》は道真の孫であるし、巻三には菅原孝標女の石山寺参詣が描かれている。巻六には鎌倉幕府の「十三人の合議制」を担ったひとり・中原親能《なかはらのちかよし》が登場する。実際に、石山寺の境内には頼朝の次女・三幡《さんまん》の乳母だった親能の妻の供養塔がある。国宝の多宝塔などは頼朝の寄進だ。

猫がいるのは巻二。石山寺に向かう源 順《したごう》の段である。琵琶湖畔の大津を通過する場面で、町の店先に赤い首輪をした緑の目の縞猫がいる。この猫は屋外であるがやはり繋がれている飼い猫で、通りをじっと眺めている。

月百姿　石山月　紫式部はこの石山寺で『源氏物語』の着想を得たという　国立国会図書館蔵

『石山寺縁起絵巻』の巻一から巻三を担当した工房で描かれたと思われるのが『春日《かすが》権現《ごんげん》験《けん》記《き》』（国宝）である。延慶二年（一三〇九）に西《さい》園寺《おんじ》公衡《きんひら》が発案し、春日大社に奉納した。この絵巻には「病と祈禱の図」中に丸くなってうずくまる猫がいる。公衡は、鎌倉初期に西園寺家に嫁いだ一条全子《ぜんし》の子孫に当たる。全子は源頼朝の実妹・坊門姫《ぼうもんひめ》が産んだ娘である。

春日大社が藤原氏の氏神なら、清和源氏の氏神ともいえるのが石清水八幡宮《いわしみずはちまんぐう》だろう。のちに後冷泉天皇の勅願で、源頼義《よりよし》（義朝《よしとも》の高祖父）が石清水八幡の「新宮」を造営し、「六条《ろくじょう》八幡宮」や「若宮《わかみや》八幡宮」と呼ばれた。源頼朝は当

河鍋暁斎粉本のうち「鳥獣戯画」に描かれた猫　烏帽子を被った人間に近い姿で描かれている。この絵は幕末・明治に活躍した絵師・河鍋暁斎による模写である　国立国会図書館蔵

社を崇敬し、別当《べっとう》に重臣・大江広元《おおえのひろもと》の実弟である醍醐寺季厳《だいごじきげん》を任じた。二代目別当はその息子が、三代目は広元の実子が就任している。

室町期に、将軍自身が参詣する様子を描いた『足利将軍若宮八幡宮参詣絵巻』一巻が伝存している。松平定信《まつだいらさだのぶ》はこれを足利義満《あしかがよしみつ》の社参と考証したが、現在はその子・義持《よしもち》がモデルと批准されている。この絵巻の一角にある公文所《くもんじょ》の縁側に、四つん這いのような姿勢で猫に近づこうとする稚児《ちご》がいる。稚児は猫の視線を集めるべく、扇をひらめかせて誘っている。猫はやっぱり赤い紐と首輪で柱につながれており、元祖・オフィス猫といえるかもしれない。

最古が『信貴山縁起絵巻』としたら、もっとも有名なのが『鳥獣戯画《ちょうじゅうぎが》』であろう。もちろん国宝である。いわゆる「甲巻」と呼ばれる巻、そして住吉《すみよし》家伝来本模本の復元巻に猫は登場する。どちらも烏帽子《えぼし》を被り、扇を持ったアメショ風幅広顔の縞猫だ。どちらも烏帽子姿なのがおもしろい。蛙や兎、狐と違い、猫は一匹のピンで登場する。おそらく「最古の猫キャラ」であろう。

なお、『鳥獣戯画』の作者は諸説ある。一説が鳥羽僧正《とばそうじょう》で、住吉家伝来模本には「鳥羽僧正草筆」と記されている。『古今著聞集』の説話にもあるが戯画の名手として知られており、こういった戯画を「鳥羽絵」と呼んだ。江戸期に北斎《ほくさい》や国芳《くによし》らによって開花し、明治になると河鍋暁斎《かわなべぎょうさい》が挿絵画家レガメと競作するなどした。なお、フランス人ビゴーが『トバエ』という風刺雑誌を発刊している。

侍姿のビゴー

鳥羽僧正の本名は覚猷《かくゆう》といい、鳥羽上皇に重んじられ、鳥羽離宮にある証金剛院《しょうこんごういん》の別当となったため、こう呼ばれた。源高明《たかあきら》の子・俊《とし》賢《かた》の子孫なので源氏である。そして鳥羽上皇もまた、高明の娘・明子《めいし》と藤原道長の子孫であるので、血筋の意味でも実は二人は、近しい関係にあった。

3. 猫、宮中でお七夜を祝われる
――藤原詮子という女

なんと猫のために「産養《うぶやしない》」があったとして、謹厳な貴族が日記に書き残していた。誰が、なんのために猫を寿《ことほ》いだのか。

「内裏御猫」のお産

聡明で優しい一条天皇はそのとき、まだ二十歳になるかならないかであった。その後宮は物寂しい有様であった。懐妊して退出中の中宮・定子《ていし》にはもう両親も里内裏《さとだいり》（実家）もなく、実は出家もした身で、平生昌《なりまさ》という臣の屋敷にいた。道長の娘の彰子はまだ十二歳で、ようやく裳着《もぎ》（女子の元服）を済ませたばかり。入内しても当分はカタチばかりだろう。

右大臣・藤原顕光《あきみつ》が娘の元子《げんし》を入内させているが、彼女は先年「水を産む」という流産をして以来、今月、ようやく久々のお召があったものの、療養中である。一条天皇にはまだ、子女が定子の産んだ内親王ただひとりしかいなかった。その後見である兄たちは失脚しており、定子が皇子を産んだとしても光源氏のごとく、先行きは暗い。

何よりこのとき、御所は火事で焼け落ちており、天皇は母の御在所であった一条院に仮住まい中であった。九月三日には馬場に犬の死骸が（『権記《ごんき》』）、八日には道長の宿所下に子どもの死体が発見され（『小右記』）、内裏はたびたび触穢《しょくえ》となっている。

「猫の産養」があったのは、九月十九日のことであった。

十九日（戊戌）日者　内裏御猫産子、女院、左大臣、右大臣、有産養事、有衝重垸飯、納筥之衣等云々、猫乳母馬命婦、時人咲之云々、奇恠之事、天下以目、若是可有微歟、未聞禽獣用人礼、嗟乎。

（内裏〈御所〉で飼われている猫が子を産み、女院左大臣右大臣というお歴々出席のもと、産養が行われたと云々。馬命婦という女官が猫の乳母に任ぜられた云々。いまだ獣にこんな礼が取られたなど聞いたことがなく、人々は笑ったと云々）

書いたのは藤原実資。藤原道長（九条流《くじょうりゅう》）とは別流の「小野宮流《おののみやりゅう》」筆頭として重んじられていた。長保元年（九九九）九月、実資は中納言で、十歳ほど年下の道長は三十代前半にして左大臣だった。「産養」は今日でいう「お七夜」である。道長が彰子の皇子出産を祝った華やかな産養が、『紫式部日記』にある。

道長の『御堂関白記』にも、一条天皇の最側近であった藤原行成《ゆきなり》の『権記』にも、「奇恠之猫産養」についての記載はない。道長はこの日、第二夫人である明子が女子を出産していて、その出産についてさえ「御産あり」とのみであった。

『前賢故実』に描かれた藤原実資　国立国会図書館蔵

実資がわざわざ記したのはなぜか。宮中での産養が、イレギュラーではあったろう。そもそもお産は穢《けが》れであり、后は里で出産した。帝は御剣《みはかし》など贈って寿ぐのみだ。当時、自宅で犬産があってさえ「当家に穢れあり」の印を門外に出すほどであった。

「内裏御猫」というからには帝の猫のように思える。どこで出産したのだろう。そして産養は、誰の発案だったのか。

重要な参加者がもうひとりいる。「女院《にょいん》」すなわち、天皇の母后・詮子である。女性として初めて院号宣下を受け、東三条邸を居宅としたことから「東三条院《ひがしさんじょういん》」と呼ばれた。父帝はすでに亡く、権力を持つべき后の父は死に、兄は失脚という状況である。かつて、藤原基経が怖れた「母后の権力」を握った詮子について、実資は「国母専朝《こくぼせんちょう》」と記している。

ひとりっ子の帝

詮子は太政大臣・兼家の娘で、母方は「猫怖の太夫」をやりこめた輔公と同じ魚名流である。入内して二年で皇子・懐仁《やすひと》を産み、夫は兄・冷泉帝（昌子内親王の夫）から皇位を継承した。兄の在位中に「安和《あんな》の変」が起こり、源高明が失脚、冷泉帝も退位に追いこまれたのである。まだ少年であったため、後見をめぐって藤原氏同士で熾烈な権力抗争が起こり、在位中、休まるときがなかった。

円融《えんゆう》帝の最初の后は詮子の従姉である。彼女が崩御したのち、中宮を継いだのは女御の遵子《じゅんし》（実資の伯父・頼忠《よりただ》の娘）であった。詮子がただひとり子女を産んでいながら、后となれなかったことに父・兼家は激怒し、娘を後宮に帰さず、自身もサボタージュを繰り返した。夫帝と父の不和が解消されないまま、夫帝は甥の花山帝に譲位した。そして「寛和《かんな》の変」により、花山帝は皇位を追われ、史上最年少の七歳で息子が即位して、詮子は国母となったのである。

その後、父・夫とあいついで亡くなり、母子が残された。祖父母も全員故人である。息子はおそらく、数えるほどしか父と対面していない。異母を含め、兄弟姉妹がいない、世にも稀な「ひとりっ子の幼帝」であった。

家族縁の薄い一条帝は、母を敬愛して育ったであろう。だが、詮子の兄の「中関白《なかのかんぱく》」道隆《みちたか》が娘の定子を入内させたことで、兄一家が息子を包み込んでしまい、母子関係は変化した。道隆が没したとき、後継として道長を強烈に推し、定子の兄たちを政権から追い落としたのはおそらく詮子である。

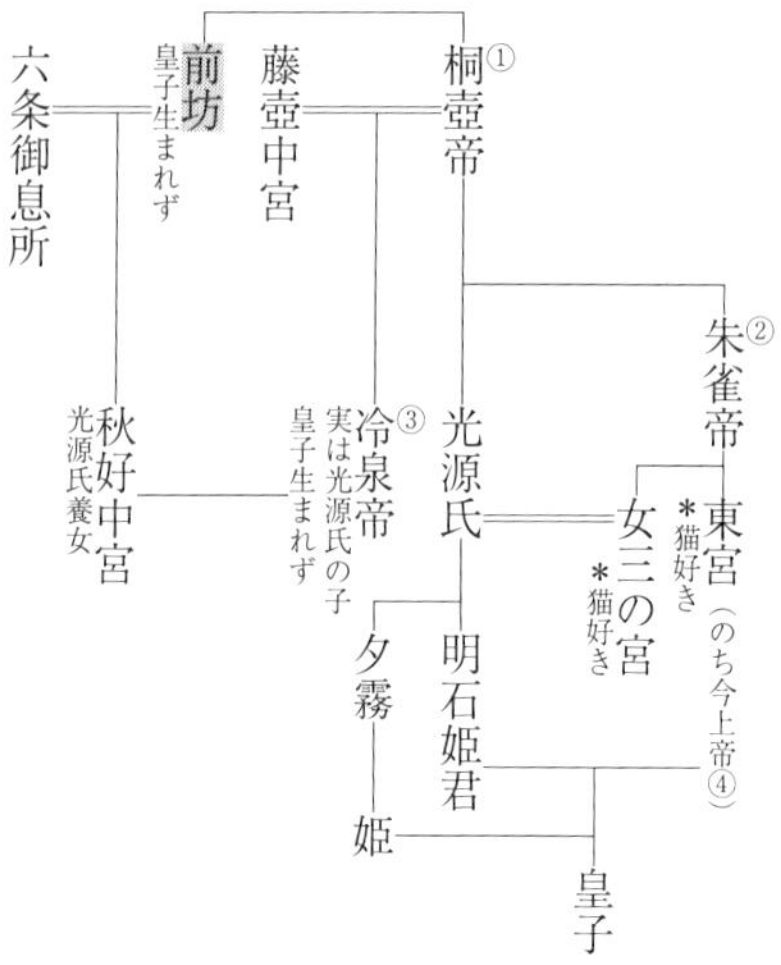

系図３　源氏物語人物系図
番号は皇位継承順／網かけは故人

　晩婚だった道長と詮子は長く同居しており、詮子は道長をかわいがった。中関白家に不満を持つ宮廷人の鬱憤も晴れ、いずれうまく収まるはずだと、当初の詮子は考えていただろう。しかし、昌子内親王の猫の贈り主・花山院と定子の兄たちが、ある女性をめぐって暴力沙汰を起こす。そのうえ「伊周《これちか》（定子の長兄）が詮子を呪詛《じゅそ》している」という嫌疑が発覚し、一条天皇はやむなく、伊周とその弟・隆家《たかいえ》を流罪にしたのである。

　猫の産養はその事件から三年ほど経過している。当時の状況を整理してみよう。

　中関白家は悲惨であった。配流《はいる》に抵抗した伊周は定子の御座所に逃げ込み、追手によって御座所は踏み荒らされ、定子は発作的に落飾《らくしょく》した。その後、定子らの母が病没した。さらに定子の里内裏が焼亡、定子は身重の体で脱出したが、両親も、兄弟も、帰る家も失ったのである。追い討ちをかけるがごとく、藤原顕光の娘・元子をはじめ、三人の女御が入内した。一条天皇は元子を寵愛し、懐妊して宿下がり中にさえ、わざわざ御所に呼び寄せている。しかし、肝心の子女は生まれなかった。

ここまで定子を追い込んでしまったことを、あるいは詮子は後悔したかもしれない。

当時、皇統は二つあった。つまり、冷泉—花山—居貞《おきさだ》ラインと、円融（冷泉弟）—一条ラインの二つの血脈が、交互に即位していたのである。これと酷似しているのが『源氏物語』に描かれた皇統である（系図3参照）。光源氏の兄・朱雀天皇の次に即位したのは、弟の冷泉天皇である。その後は朱雀天皇の子に皇位が戻った。そして、実は光源氏の実子である冷泉帝には子供が産まれず、皇統は冷泉系に戻ることなく朱雀系に定まり、物語は終わりに向かう。

一条天皇も、『源氏物語』の冷泉帝と同じ状況にあった。そして従兄の居貞親王は、すでに三人も皇子を儲けていたのである。

猫はかすがい

詮子も一条天皇も道長も、元来病弱である。とくに前年からは彼らの記録に「御悩《ごのう》」「病脳《びょうのう》」の文字が並んでいる。鴨川の洪水、大台風と自然被害も続いた。伊周の怨みによる祟りではないかと噂され、詮子の病平癒のための「大赦《たいしゃ》」として、伊周と隆家は赦され帰洛した。さらに詮子は、定子が生んだ内親王・脩子《しゅうし》も初孫として、率先して受け入れた。が、年が明けると赤疱瘡《あかほうそう》（麻疹《ましん》）が大流行し、一条も定子も、側近の行成もみんな罹患した。そのうえ、富士山が噴火した。

翌年の年始、一条帝は初めて母后に会いに来なかった。当時、現役の天皇と出家した母后が会うのは稀であった。歌合せや花の宴なら女性も参加できようが、財政逼迫の時勢である。好学な帝は詩歌管弦の宴は好んだが、漢詩は主として男性のものだ。定子は当時稀な「和漢両刀のインテリ后」であり、漢学もわかる女房を集めた革新的サロンをつくっていた。道長は彰子のために、才媛の紫式部を迎え、手ほどきを受けさせた。

詮子にとって定子は脅威であり、そりが合わなかった可能性もあるが、詮子は息子に歩み寄ったのではないだろうか。それが、このままごとのような猫の産養ではなかったか。ペットは、家族をつなぐ。ましてや仔猫である。一条帝は『枕草子』に描かれたとおり猫好きであった。もともと母子で猫飼いであったとしたら、幼い頃の思い出も蘇る。

さらに言えば、それを道長に意識させたかったのかもしれない。

かつて詮子のライバルたちは、里に籠もる詮子を尻目に寵愛を受けたが懐妊しなかった。定子も元子も懐妊したが、姪の彰子はわからない。詮子としては彰子が皇子を産み、弟が外戚となるのが念願だろうが、十二歳の彰子は当分「待ち」であろうし、その後の保証はない。産養の主役は子供と母である。仔猫と母猫を囲んだ産養の席で、詮子は暗に一条の猫好きぶりを披露したのではないか。道長も、彰子に猫好きであれと思うだろう。

詮子は、子女をあげていない后のつらさ、後宮に身を置くつらさを強く認識していたと思われる。かつて、遵子中宮に「素腹のきさき」と陰口を叩いていた側にいたのだ。詮子と彰子には、和歌のやり取りもあった。幼くして入内する姪を案じ、しばらくは「雛遊び」の夫婦となる二人に、猫を育てるという一つの方向性を示したのではないだろうか。

『枕草子絵詞』に描かれた行幸途中に輿を止めて詮子に挨拶する場面

この猫はどこから来たのか

ちなみに、前章の昌子内親王（三条太皇后宮）は、藤原道長一家と親密であった。息子の即位で詮子が皇太后になったおり、昌子は髪飾りを贈っている。出家後、詮子はそれを昌子に返納したが、のちに彰子が中宮となった際、再び彼女に贈られた。

一条天皇の飼い猫は、昌子の猫と所縁《ゆかり》があった可能性もありそうである。昌子が猫を貰った時期は不明だが、仔猫が産まれたら友人に譲ることもありうる。そもそも花山院が道長と親しかったので、彼は道長から猫を入手したのかもしれない。または昌子が猫を貰ったのを聞いて、詮子が同じところから貰った可能性もある。

その後、定子が第一皇子を産むと詮子は寿いだ。しかし、第二皇女を産んですぐに定子は崩御。彰子は長く、定子の産んだ皇子を慈しむことで後宮生活を送った。自らの皇子を二人産んだあとも、この第一皇子を一度は皇位につけようと苦心し、それを遮った父を恨んだと伝えられている。詮子は定子の忘れ形見を養女にしたが、定子のあとを追うように崩御した。四十歳の若さであった。

道長と詮子の兄たちは、みな短命だった。冷泉帝に嫁いだ姉は頓死《とんし》した。道長が早逝し、彰子も子女を産まず、定子とその兄弟が返り咲く可能性は充分にあったのである。彰子が二人も皇子を産み、第一皇子も早逝し、道長が長生きして「望月《もちづき》の世《よ》」を謳歌することなど、このときはまだ誰も知らなかった。

詮子は『源氏物語』の弘徽殿《こきでん》の女御のモデルのひとりといわれる。弘徽殿の女御も同じく、第一皇子を産んだ藤原氏の女御でありながら后になれず、息子の即位で皇太后になった。息子の朱雀帝を溺愛し、父である右大臣を振り回すくらい権力を行使する。いってみれば『源氏物語』最大の悪役なのであるが、強烈な存在感がある。詮子はかつては父に翻弄され、夫帝に侍ることも叶わない憂き目にあうが、息子のために闘う女になった。道長を推したのも、息子に頼もしい外戚をつくりたかったゆえともいえる。

子のいない皇族出身の太皇太后・昌子と、詮子の付合いも猫がきっかけであったらおもしろい。猫の「はらから」がつむいだドラマは『源氏物語』以外にもあったのではないだろうか。

Column
③猫、埋葬される

宮中で誕生を祝われた猫がいれば、貴公子によって埋葬された猫もいた。

摂関政治ののちの院政期。院政の創始者ともいえるのが白河《しらかわ》上皇で、鳥羽《とば》上皇はその孫である。堀河《ほりかわ》、鳥羽、崇徳《すとく》と三人の天皇にわたって院政を布いた白河上皇が没したのち、鳥羽上皇は崇徳天皇を譲位させ、実子の近衛《このえ》天皇をたてた。そして近衛天皇が早死にしてしまうと再び実子を優先し、後白河《ごしらかわ》天皇を即位させる。

すべて崇徳上皇の子の即位を阻むためであった。崇徳と後白河の関係は次第に悪化し、やがて鳥羽上皇が没した途端、保元《ほうげん》の乱が勃発する。

貴族同士の争いも絡んでいた。崇徳側についた貴族の筆頭が、藤原頼長《よりなが》である。

頼長は道長玄孫にあたる。希代の学者であり、信仰に篤く、身内にはパッションに溢れ、敵には苛烈であった。赤裸々な男色関係を日記に記すなど、彼は道長以来のエピソードの宝庫的人物なのであるが、猫の記録も残している。彼は、史上初めて、猫の埋葬を記録した人物なのである。

康治元年の七月に、その記述がある。

僕少年養猫、猫有疾、即畫千手像、祈之曰、請疾速除癒、又令猫満十歳、猫即平癒、至十歳死

藤原頼長　頼長の日記『台記』は院政期の摂関家や当時の故実などを知るうえで重要な史料であり、そこに猫の記録も残されている　「天子摂関御影」　宮内庁三の丸尚蔵館蔵　宮内庁書陵部・宮内庁三の丸尚蔵館編『鎌倉期の宸筆と名筆——皇室の文庫から』図録（2012 年）より転載

（私は少年の頃、猫を飼っていた。病気になってしまったとき、すぐに千手観音の像を自分で描き、早く病が癒えるよう、十歳までも長らえるよう、祈った。すると猫は快癒して、十歳まで生きたのである）

ほほえましい。天寿を全うした、と頼長は満足だったのだろう。愛猫没後は衣にくるみ櫃に納め、埋葬した。人間並みの埋葬といえる。

この猫祈禱は、彼の成功体験の一つであった。この前後にも、自らの子どもや、父の妻（頼長の実母ではない）について病平癒を願う記事が散見される。「末代《まつだい》と雖《いえど》も、仏法霊験殊勝也《ぶっぽうれいげんしゅしょうなり》」などの文言がみられ、彼の信念の強さがうかがえる。

猫の記録を記したとき、彼は二十三歳であった。右中将・左中将を歴任してすでに内大臣となり、三男一女を成していた。わずか十八歳で、後白河天皇の作文会の読師を務めてから五年。保元の乱で流れ矢に当たって落命するまで、もうあと十四年しかなかった。愛猫を亡くしたあと、再び彼が猫を飼った記録はない。十歳まで

生きた猫の思い出を大事にしたものか。そういう猫好きは、現代にもいる。

歴史上、愛猫の死を綴る有名人はちらほらいる。本章の第六節や、第二章第二節などを参照されたい。

江戸期にペットを飼うことがより一般化すると、埋葬方法も定まっていった。犬猫の亡骸を葬る際、棺を用意するなら火消し壺であった。滝沢《たきざわ》（曲亭《きょくてい》）馬琴《ばきん》家では狆《ちん》のヤナが死んだ際、火消し壺を買いに行っている。

猫好きの小林一茶《こばやしいっさ》は猫の埋葬関連の句も多く詠んでいる。

正月や　猫の塚にも　梅の花
猫塚に　正月させる　ごまめ哉
猫の子の　命日をとぶ　小てふ哉
盆の月　猫も御墓を　持ちにけり

安政期の「実助《まめすけ》」の墓石も見つかっている。戒名は「駁斑猫実」であった。大名屋敷でも、薩摩藩江戸藩邸（三田《みた》屋敷）にほど近い大圓寺《だいえんじ》（東京都港区）で、猫の墓石が見つかっている。刻まれた年は明和三年（一七六六）で「賢猫之塔」とある。藩邸の奥向きで大事にされた猫ではないだろうか（第二章第二節）。

埋葬先でもっとも有名なのは回向院《えこういん》（東京都墨田区）である。文化年間には「犬転生畜生門《いぬてんせいちくしょうもん》」「猫転生畜生門」という専用埋葬地があったらしい。ラフカディオ・ハーンの『知られぬ日本の面影』には、次のような一文がある。

> 東京の回向院では、位牌が納められた動物たちの霊に、毎朝、お経があげられる。三十銭の代金を支払って、ペットをその寺の墓へ埋葬し、短い供養を上げてもらうの

である。

　ハーン夫人の節子によれば、犬も猫も飼っていたようである。子どもたちに池に沈められそうになった仔猫を懐に入れ「おお可哀相の小猫むごい子供ですね」と暖めてやるハーンを、夫人は回想している。

回向院の猫塚　猫をかわいがっていた魚屋が病気で商売できなくなったところ、猫が2両をくわえて魚屋を助けた。あるとき、猫が商家から2両をくわえて逃げようとしたところ、奉公人に見つかり殴り殺されてしまった。魚屋は商家に事情を話し、商家の主人も感銘を受けて、ここ回向院に葬ったという　東京都墨田区

　江戸ッ子である歌川国芳《うたがわくによし》はもちろん、飼い猫をすべて回向院に納め、家には猫の過去帳もあった。鼠小僧次郎吉《ねずみこぞうじろきち》の墓の隣には、文化十三年（一八一六）に両替町の商人・時田喜三郎《ときたきさぶろう》が建てた飼い猫の墓がある。『藤岡屋日記《ふじおかやにっき》』によれば碑には「値善畜男」と彫られていた。

　家族の菩提寺に犬猫を埋葬することもあった。河竹黙阿弥《かわたけもくあみ》の娘・糸女は、自身の猫が死んだ際、養子の繁俊《しげとし》に経料壱円を預けて菩提寺の源通寺《げんつうじ》（東京都中野区）に頼んだ。「開花得道女猫　俗名ジョコ」と戒名をつけ、初七日にはお経もあげてもらったそうである。

4. 猫、位を賜る
——春はあけぼの、猫はバットマンキャット

「猫の産養」の半年後、一条天皇と皇后定子は幸せな時を過ごしていた。そして、帝の傍らには猫がいた。『枕草子』はそんな記録でもある。

夫婦と猫が過ごす仮内裏

清《せい》少《しょう》納言《なごん》は、一条天皇の最初の后・定子に仕えた女房である。前章のとおり、定子は皇子と皇女を残して早逝した。『枕草子』は、輝いていた定子の記録であり、そこには猫を愛でる一条天皇がいた。

猫の産養ののち、道長の娘の彰子が、鳴り物入りで入内した。一条天皇は彼女の局に昼間訪れ、豪華な嫁入り道具の見学などしたが、十二歳の彰子は里下がりを繰り返す日々だった。

そして、とうとう定子が第一皇子を産んだ。待望の皇子誕生に、詮子も御劔を贈った。定子はいったん、立場を安定させたのである。が、そこで三条太皇太后・昌子が亡くなった。冷泉院と結婚して三十三年、夫に先立つこととなった。そして太皇太后位が空位となり、皇太后、皇后を繰り上げ、中宮である定子を皇后にすることが可能となったのである（系図4参照）。

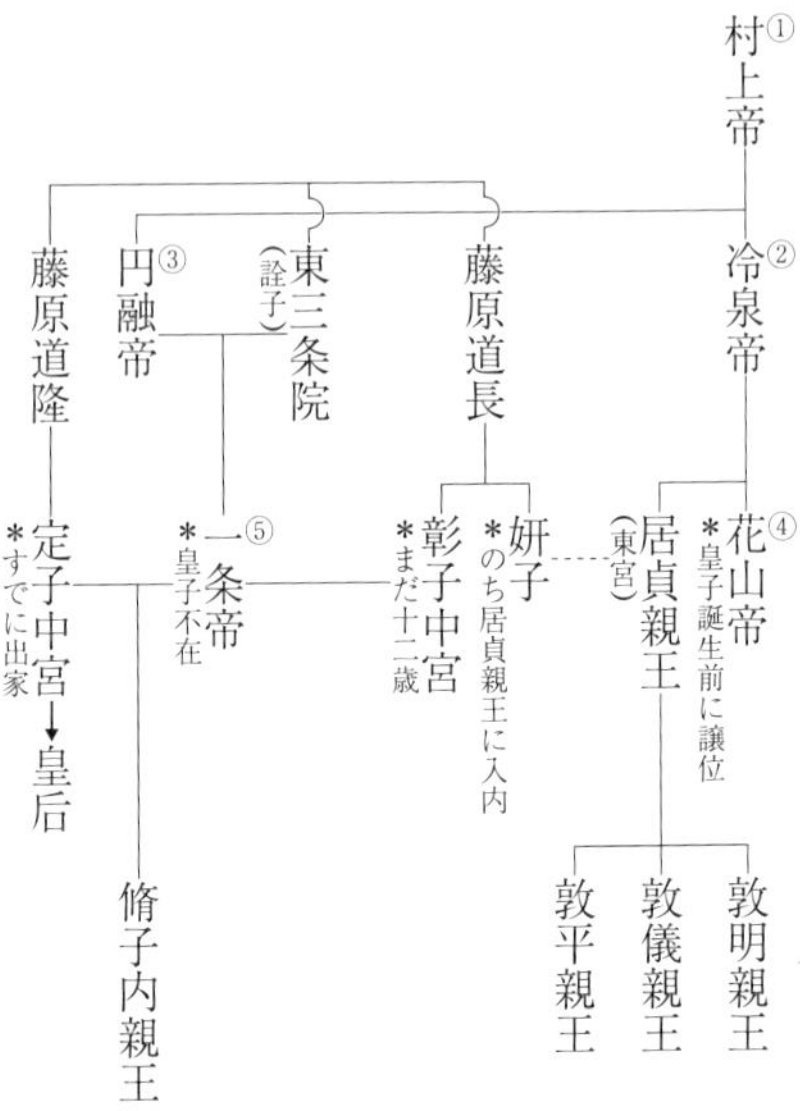

系図４　一条天皇人物関係図

そして彰子は中宮（正式な后）となったのである。一人の天皇に后が二人という異常事態だが、定子が出家していたことがネックとなった。うやむやのまま出産はしたが、尼に皇室の神事は行えないと、藤原行成が進言したと伝わる。行成のその意見を強力に後押ししたのは無論、母后の詮子であった。

うへにさむらふ御ねこは、かうぶり給はりて命婦《みょうぶ》のおとゞとて、いみじうおかしければ、かしづかせ給ふが、はしにいでてふしたるに、乳母の馬の命婦、「あなまさなや、いり給へ」とよぶに、日のさし入たるにねぶりてゐたるを、おどすとて「翁丸いづら、命婦のおとゞくへ」といふに、まことかとて、痴物《しれもの》ははしりかゝりたれば、おびえまどひて御簾のうちに入りぬ。

内裏で産養をしてもらった猫は「かうぶりたまひて」つまり位階も授けられたらしい。ありそうな話ではある。はるか後代の江戸時代に安南国《あんなんこく》から象が献上され、長崎から日本縦断して江戸に上《のぼ》った。途中、京都で叡覧に入れる際、無位無官では御前に出せないと「広南従四位《じゅしい》　白象」として位階を授けられた記録がある。

従五位下《じゅごいのげ》以上であれば殿上《てんじょう》に上がることができる。猫に授けられた「命婦」とは、従五位下以上の女性の役職名であった。ただ、産養では位階を授けた記録はなく、あの産養で祝われた仔猫かどうかは、厳密にいえば定かでない。「命婦」が繋がれておらず、ものなれた様子であることは、母猫のほうを指しているようにも思われる。ともあれ、どちらであっても問題はない。

さて「命婦のおとゞ」はこの日、縁側の端近で日向ぼっこをしていた。乳母は「なかにお入り」と呼びかけたが、知らん顔をしている。乳母はそこで（冗談であったろうが）庭にいた翁丸《おきなまる》という犬に「命婦を食べておしまい」とけしかけた。「痴物」つまり無邪気な犬が、いわれた通りに「はしりかゝりたれば」命婦は仰天し、すっ飛んで朝食の間にいた帝のもとに逃げ込んだのである。

朝餉《あさがれい》のおまに、上おはしますに、御覧じていみじうおどろかせ給ふ。ねこを御ふところに入させ給ひて、おのこどもめせば、蔵人忠隆《くろうどただたか》なりなか参りたれば、「この翁丸、うち調《ちょう》じて犬島につかはせ、たゞいま」と仰らるれば、あつまりかりさはぐ。馬の命婦をもさいなみて、「乳母かへてん、いとうしろめたし」と仰らるれば、かしこまりて、おまへにもいでず。

このとき、天皇一家は焼け出されて仮内裏にいた。帝は驚いて猫を懐に入れ、男たちを召し「翁丸を打ちこらしめて犬島に送ってしまえ。乳母も交替だ」と宣言した。翁丸はかわいそうに男たちに打たれ、乳母も恐れ入って御前から下がらざるをえなくなった。犬には酷な仕打ちだが、一条にもおそ

清少納言図　土佐光起筆で17世紀の作　東京国立博物館蔵　出典：Colbase（https://colbase.nich.go.jp/collection_items/tnm/A-952?locale=ja）

らく言い分がある。当時、貴族社会で飼われていたのは鷹狩《たかがり》のための大型犬など、屈強な犬が多かった。この「翁丸」も、桜や梅の枝で飾り立てた立派な姿を清少納言が回想している。

近世まで犬は猫の天敵であり、噛み殺される猫は多かった。人間すら襲われていた。凶暴な犬については、想像以上に厳しい処置がとられた可能性がある。乳母は、それを承知で冗談にもけしかけたわけで、あまり本人は猫好きではなかったのかもしれない。日頃から、天皇が彼女に不満を持っていたことも考えられる。

猫は、それっきり登場しない。翁丸はのちに、ボロボロの変わり果てた姿で再登場する。清少納言は翁丸に同情しており、やがて「おまえは翁丸か」と問われた犬が涙をこぼしているのを見て、一条までが「犬にもこんな感情があるのか」と感心する。そして許される（らしい）結末が描かれる。『枕草子』は、清少納言の現役女房時代から執筆されていたが、この段は定子没後、定子の兄の伊周が公卿として復帰する以前に書かれたと推測されている。清少納言は翁丸に伊周を投影し、天皇の慈悲を願う気持ちを込めたのだという。

注目すべきは定子が猫を愛でる描写がないことである。あくまで、猫好きなのは一条天皇なのだ。定子は食事のお下がりを翁丸に与えていたとあり、どちらかといえば、犬寄りと読み取れないことはない。だが帝は、凶暴であれば内裏で飼っている犬でも、厳罰に処するのである。

『枕草子』と『源氏物語』は響き合う

『枕草子』の中で一条天皇は、四つ年上の聡明な定子と闊達《かったつ》な女房たちに囲まれて、愛猫を懐に、穏やかに日々を過ごしていた。最愛の皇后に皇子が産まれた。彰子も中宮にしたのだから、道長への義理も果たしている。母も孫たちをかわいがってくれている。この直後、再び定子は懐妊して退出し、第二内親王を出産後に急死した。この猫の段は手狭な仮内裏で過ごす、最後の幸せなひとときであった。

清少納言は『枕草子』に、定子一家の没落や死、彰子の立后といった一切を描かなかった。時系列もバラバラなので、終盤に向かって状況が悪化することもない。藤原義懐《よしちか》や斉信《ただのぶ》、行成、源経房《つねふさ》、そして伊周や隆家、道長ら公達《きんだち》たちは、その優美な風采や、知識や機知によって、晴れやかに描かれた。

平安時代のイメージを後世に伝えた最大の功労者は『源氏物語』だが、『枕草子』の役割も大きかった。何しろ登場人物は実名であり、流布した当時、多くが存命であった。

『枕草子』といえば清少納言の自慢話といわれるが、彼女以外の女房を褒めた記述や、自身を落とした滑稽話もある。彼女は髪にかもじを入れた中年女であり、それで恥をかいた場面まで正直に書いている。なかなかできることではない。「香炉峯《こうろほう》の雪、いかならむ」と問われて格子《こうし》をあげた清少納言に感心した女房たちもまた、多くがその知識を共有していて「この宮の人には、さべきなめり（この后にお仕えするには、こうでなくては）」と話している。そんなサロンだったのである。

定子没後に後宮を支配した彰子は違った。彰子はもともと地味な性格であり、清少納言型の女房も好まなかった。そして道長は、大臣級の貴族の娘さえ「女房」として集め、入内できないようにした。おかげで彰子のサロンには職業婦人タイプではない「令嬢」も多く、定子との差を比較された。実は一面識もなかったらしい清少納言は、紫式部には悩ましい存在であったといえそうだ。

だが結局のところ、二人は補完し合うように当時の華やかさを後世に伝えている。「犬君が雀を逃がしてしまったの」と泣く愛くるしい若紫は、『枕草子』の「雀の子の、鼠鳴きするに、躍り来る」という描写を思い出させ、夏の情趣に蛍をあげた『枕草子』の記述は『源氏物語』の玉蔓《たまかずら》の巻を思わせる。女三の宮の猫を愛でる柏木の描写は、平安貴族たちの猫のかわいがり方を伝えてくれてもいる。その猫好きの代表が、一条天皇なのである。

そして紫式部は多くの女君を描き分けたが、なかでももっとも頼りない、茫洋《ぼうよう》とした個性の女三の宮が後世もてはやされたのは「猫」のインパクトゆえである。現代に至るまで、絵画や文学に女三の宮は繰り返し登場する。『源氏物語』中でもきわめて高貴な女君に、こんな川柳《せんりゅう》まで生まれたのである。

焼き物を　女三の宮に　してやられ

絵画では、美人画の「見立て絵」という手法に多用された。吉原の遊女や、評判の小町娘を、その装いのまま簾《すだれ》と猫を添えて「女三の宮」に見立てるのである。これほど強烈なキャラクターは、他には八百屋お七くらいではないか。火の見櫓を描くより、簾と猫のほうがよほど日常に近い。

そして女三の宮を描くとき、絵師たちは多く「赤い紐でつながれたしろくろの猫」を添えたのである。それは清少納言が「猫は　うへのかぎり黒くて、腹いと白き」（猫は背中が黒くて、おなかが白いの）が良いと断じた姿なのである。

赤い紐も同様であった。

帽額あざやかなる簾の外、高欄にいとをかしげなる猫の、あかき頸綱にしろき札つきて、はかりの緒、組のながきなどつけて、ひき歩くもをかしうなまめきたり

「バットマンキャット推し」は清少納言個人の好みではあるが、実際に目にした光景でもあったろう。

猫好きに理由はいらない

一条天皇にとって、猫はただ愛する対象であったと思われる。そこにはしがらみがない。好学は、皇位に付随した必要性や、伊周ら周囲の影響であったかもしれない。好んだといわれる笛の演奏も、皇位の嗜みと名器を引き継いだ責任から生まれたのかもしれない。猫はそのいずれでもない。

清少納言は定子を崇拝し、公達らの才気や風采を愛した。そもそも当時は、政権担当者を政策やその成果で評価する時代ではなかったといえる。賢帝と讃えられた一条天皇も、その根拠は人柄と好学であった。彼らの残した最も大きな影響とは、王朝文化を後世に伝える基盤を作ったことではあるまいか。

清少納言は誰も非難せず、宮廷と定子のめでたさを書き残した。そして帝の愛玩の対象として、高貴で愛らしい猫を描いたのである。『枕草子』は著者自身が猫好きでない（と思われる）にもかかわらず、すぐれた猫の描写として残った、数少ない例である。

彼女が「むさくるしいもの」としてあげたもののなかに「猫の耳の中」がある。つやつやと美しい猫の耳の中をのぞいたときの感想なのだろう。彼女は猫を、時にしげしげと眺めたのだ。彼女の美意識は確かであった。しろくろのバットマンキャットは赤い紐をつけた姿で、その後の日本美術史に強く存在を示し続けた。

御所はそののちも焼亡を繰り返し、やがて荒廃した。織田信長《おだのぶなが》が上洛して修理するなど、戦国期にもたびたび問題になっている。そして十八世紀後半の寛政期に、綿密な考証の元に復元・再建された。その際、担当絵師の土佐光貞《とさみつさだ》は、清涼殿の「猫障子」の図案参考として『枕草子』の「なまめかしきもの」の段を渡されたそうである。朝餉《あさがれい》の間に「猫障子」があったことは、順徳《じゅんとく》天皇の『禁秘抄《きんぴしょう》』にも記されている。

御所内の絵は、公式の場は中国の意匠、天皇の私的空間は大和絵《やまとえ》（和歌の枕詞の地など）を飾る習わしがあったが、朝餉の間は特別で、猫の絵は鼠除けの意味もあったようである。清涼殿の公的性格が強くなるにつれ、朝餉の間や夜御所は形式だけが残り、天皇は「常御所《つねのごしょ》」を使うようになった。にもかかわらず「猫障子」はあったらしい。

このあたりは藤原重雄氏の『史料としての猫絵』に詳しい。それによれば「猫障子」の図柄検討は『枕草子』の描写をベースにして出発し、「碇がついた猫の古図」案を参考に、最終的には紐なしの絵になった。「鼠除けならば繋がれていない方がよいのでは」という意図ではないかと指摘されている。「命婦のおとゞ」たちは朝餉の間で、鼠を取ったこともあったろうか。だとしたら一条天皇においに褒められ、得意そうな様子が目に浮かぶ。しかし、「命婦のおとゞ」の狩猟能力のほどは伝わっていない。そして『紫式部日記』には、猫を愛でる一条天皇が描かれることはついになかった。

Column

④しろがねの猫、妖鼠と闘う

猫の産養の三年後に生まれた「頼豪《らいごう》」という園城寺《おんじょうじ》の僧侶がいる。藤原不比等《ふひと》の三男・宇合《うまかい》の血をひく藤原式家《しきけ》の生まれで、伊賀守有家《いがのかみありいえ》の子である。有家には和泉式部《いずみしきぶ》の姉妹が嫁いでおり、その娘（頼豪妹）は後冷泉帝の中宮に仕えた。頼豪が同腹かどうかは不明だが、道長の子の頼通などとの交友記録もある名僧であった。彼の修法《しゅほう》により、白河帝には待望の皇子が産まれたという。が、白河帝は彼の要望には応えず、やがて皇子は病死、頼豪も没する。

　そんな頼豪が「白河の皇子を祟り殺した」などと記した最初の記録は、鎌倉期の『愚管抄《ぐかんしょう》』である。著者の慈円《じえん》は大河ドラマ『鎌倉殿の13人』にも登場した天台座主《てんだいざす》で、九条兼実《くじょうかねざね》の実弟である。延暦寺良真《りょうしん》の祈禱によって白河院には堀河天皇が誕生した＝延暦寺こそ王朝の守護というのが『愚管抄』の世界観である。つまり延暦寺VS園城寺というお決まりの対立構造なのだ。

　とはいえ、園城寺は鎌倉幕府が崇敬しており、源実朝《さねとも》と北条政子《ほうじょうまさこ》によって再建もされた。慈円兄の孫・道家《みちいえ》の子は四代将軍頼経《よりつね》である。慈円としても園城寺を貶めるのは憚られ、忖度の結果、頼豪ひとりの怨霊譚としたのではとの指摘がある。が、頼豪譚は『平家物語《へいけものがたり》』『太平《たいへい》記《き》』と再生産されるうちに「鉄鼠《てっそ》伝説」となり、鼠害は頼豪の祟りとされるなど、どんどん一人歩きしていった。鼠の害というのが江戸期に深刻化したのも大きいだろう。

　時代は下って文化五年、滝沢(曲亭)馬琴の『頼豪阿闍利《あじゃり》怪《かい》鼠《そ》伝《でん》』が出版された。非業の死を遂

三井寺頼豪阿闍梨悪念鼠と変ずる図　月岡芳年画　国立国会図書館蔵

げた木曽義仲《きそよしなか》の一子・志水冠者義高《しみずのかじゃよしたか》が、父の仇である源頼朝を狙う。その義高が出会うのが「頼豪の霊」なのだ。義仲は彼から「妖鼠の術」を手に入れる。その「バーサーカー義高」をつけねらうのが猫間光実《ねこまみつざね》だ。彼は「猫間光隆《みつたか》」という人物の舎弟と設定されている。

　猫間光隆。そう、『平家物語』で木曽義仲に「猫どの」とさんざん揶揄《からか》われた「猫間中納言」である。光実は「猫どの」の怨念を晴らすべく、鼠の妖術に対して猫間家の家宝「紫磨金《しまごん》製の猫」を繰り出してくる。これが「西行《さいぎょう》の銀《しろがね》の猫を凌ぐ金の猫」という怪設定なのだ。頼朝対義高、義高対猫間、そして猫対鼠という、世にも珍しい死闘が繰り広げられるわけなのだが、以下は作品でお楽しみください。

しかし、唐突に登場する「西行の銀の猫」というのは何なのか。

鳥羽上皇に仕えた北面《ほくめん》の武士でありながら、出家して歌人となった西行は、まさに『平家物

頼豪阿闍梨恠鼠伝　葛飾北斎画

語』の時代に生きた人である。藤原頼長の『台《たい》記《き》』のおかげで生年もわかっている。頼長に西行はこう語った。当年二十五歳で二年前に出家、本名は佐藤義清《さとうのりきよ》、左衛門大夫《さえもんのたいふ》康清《やすきよ》の息である、云々と。よくぞ書き留めてくれたものである。崇徳天皇が譲位してしばらくのちのことで、頼長は西行の二歳年下だった。

　重代の勇士なるをもって法皇に仕ふ。俗時より心を仏道にいれ、家富み、年若く、心、愁ひ無くして、遂に以て遁世《とんせ》す。人、これを嘆美す。

それから四十年以上のち、今度は鎌倉の鶴《つる》岡八幡宮《おかはちまんぐう》において、源頼朝が西行に出会った。文治二年（一一八六）というから、頼朝はまだ三十代である。西行は遠戚に当たる奥州《おうしゅう》の藤原秀衡《ひでひら》のもとに、五年前焼亡した東大寺《とうだいじ》再建の

勧進《かんじん》に赴く途中であった。かの『勧進帳』で描かれた義経の都落ちは、この翌年である。頼朝は歓談後、西行に「銀作猫（銀製の猫）」を贈ったが、西行は通りで遊んでいた童にそのままくれてしまい、そして立ち去った。ちなみに『吾妻鏡』によれば、鶴岡八幡宮で西行を見とがめたのは梶原景季《かじわらかげすえ》であったという。「宇治川《うじがわ》の先陣争い」で有名な、景時《かげとき》の嫡男である。

『吾妻鏡』のこの逸話によって後世「しろがねの猫」といえば、イコール西行というほど定番の「お題」になった。江戸時代、詩や俳句や絵の中に繰り返し、このお題が登場する。俳句の「白金の猫も捨てけり花の旅」、狂歌では「此猫は　何もんめほどあらふとは　かけてもいはぬ円位上人《えんいしょうにん》」（円位は西行の法名）、黄表紙《きびょうし》でも寛政二年（一七九〇）に樹下石上《じゅかせきじょう》が『人間《にんげん》万事西行猫《ばんじさいぎょうがねこ》』という作品に仕立てている。その極めつけが『頼豪阿闍利怪鼠伝』であったわけである。

三すくみの闘い以外にも、父への孝と婚約者への貞で板挟みになる、義高の想い人・大姫《おおひめ》（頼朝長女）の悲劇という見どころもある。この作品は大当たりし、大坂では歌舞伎化もされたそうだ。

「しろがねの猫」の三年後、奥州藤原氏が滅亡した。興味深いことにこのとき、平泉《ひらいずみ》の館から「象牙《ぞうげ》の笛」「蜀江錦《しょっこうきん》の直垂《ひたたれ》」「金造りの鶴」などと共に「銀造りの猫」も見つかったと『吾妻鏡』は伝えている。同じころ、西行もその生涯を閉じ、その十年後、頼朝は急死し、翌年、梶原一族も滅ぼされた。そして誰もいなくなったのである。銀造りの猫はどうなったのだろう。

5. 姫君、猫に転生する
——菅原孝標女と大納言の姫

下級貴族の娘が出会った猫は、大納言の姫君なのか。そう信じた少女は、あの菅原道真の子孫であった。

悲しい花嫁と寂しい少女

時代は道長にほほえんでいた。娘の彰子は皇子を二人も産んでくれた。ライバルの定子も皇子も、定子の長兄も没した。一条天皇は早逝し、後継の三条天皇は譲位に追い込んだ。もう誰も邪魔する者はいない。数えで八歳の孫を即位させ、その弟を皇太子に据えた。

孫が十一歳になると二十歳の娘・威子《いし》を入内させた。叔母と甥の結婚である。一条帝中宮だった彰子（長女）が太皇太后、三条帝中宮の妍子《けんし》（次女）が皇太后、そして三女の威子も立后（中宮）という史上空前の「一家立三后」が実現し、藤原実資は「未曾有なり」と記した（『小右記』）。道長が有名な「この世をば」の望月の歌を詠んだのはこのときである。

それから三年がたった。

道長は出家していた。いよいよ病が重くなり、このの ち死去するまでの十年間、次々と子に先立たれ、法成寺《ほうじょうじ》の建立と信仰にすがる晩年を過ごす。出家した道長が末娘を孫に嫁がせ、最後の栄光を貪っていた頃、ひとりの姫君が没した。父親は藤原行成。『枕草子』ではえらく親しげに描かれた能吏《のうり》である。『百人一首』の「夜をこめて鶏の空音ははかるとも世にあふさかの関は許さじ」は、清少納言が行成に贈った歌だ。詮子は彼の屋敷で崩御したといわれる。

彼には「御髪脛《すね》ばかりにて、かたちいとうつくしうおはす」(『栄花物語』)という愛娘がいて、苦労して道長の息子・長家《ながいえ》を婿に迎えた。長家は道長第二夫人の明子の子であったが「(道長の)御覚などもも心殊なる」、つまり気に入りの子供であり、第一夫人・倫子《りんし》の養子にとりたてられた。またとない良縁である。行成の娘は十二歳、長家もまだ十五歳という幼さだったが、道長夫妻は「雛遊のやうにて、おかしからん」とまんざらでもない風であり、行成は婿を、下にもおかぬもてなしぶりで迎えたという。幸い、夫婦仲も睦まじかったらしい。

が、四年ほどで行成の娘は病没してしまった。長家も嘆き悲しんだと伝わる。彼はこのあと、行成の同僚であり、やはり『枕草子』で美男ぶりを讃えられた藤原斉信《ただのぶ》の娘を娶り、再び早々に死に別れている。

この、薄幸であった行成の娘が「猫に転生して現れた」と信じ、それを書き残したのが菅原孝標女《たかすえのむすめ》(孝標の娘)であった。菅原道真失脚後、彼の子たちも配流されたが、道真の「祟り」が宮廷に吹き荒れ

賢女烈婦伝 大納言行成女　東京都立中央図書館蔵

たあと名誉を回復し、菅原一族は、文章博士や高僧を輩出する家として生き延びたのだ。

彰子中宮が結婚九年目にして皇子を産んだ年、菅原孝標女は誕生した。父の孝標は道真の玄孫に当たる。当時、ようやく従五位下であった。なんとか上総介《かずさのすけ》に任ぜられ、任地の常陸（茨城県）から帰洛する旅の描写をもって『更級日記《さらしなにっき》』は始まる。少女には印象深い旅を終え、ようやく着いた冬の都は寂しげであった。

ひろ〳〵と荒れたる所の、過ぎ来つる山〳〵にもおとらず、おほきにおそろしげなるみやま木どものやうにて、都の内とも見えぬ所のさまなり。

ここが都か、と失望しながらも、とにかく望んだのは読書であった。あらゆる物語を読みたかった。継母にせがむとつてをたどって、なんと、定子皇后の遺児である脩子《しゅうし》内親王のお下がりだという何冊かを取り寄せてくれた。脩子は天涯孤独な身の上ながら、一品宮《いっぽんのみや》として敬意のなかに暮らしていた。

孝標女は道真の来孫《らいそん》にあたるだけではない。母は『蜻蛉日記《かげろうにっき》』の作者である道綱《みちつな》母の異母妹で、叔父には清少納言の姉と結婚した藤原理能《まさとう》がいた。そんな彼女が無類の読書家であったというのは味わい深い。春になると都に疫病が蔓延し、乳母も亡くなった。せっかく帰洛したというのに、気の晴れない日々を過ごすうち、伝え聞いたのが行成の娘の病没であった。

さて、当時の彼女の野望は「源氏物語を一の巻から読破する」であった。その頃、親戚の女性が上京し、孝標女のもとを訪れた。

「すっかりきれいになったこと（いとうつくしう生いなりにけり）。何かプレゼントしましょうね」という彼女が「実用的じゃないものを」とくれたのが、『源氏物語』全五十余巻（それに他の物語もいくつか袋詰めにしたもの）であった。Ａｍａｚｏｎの箱に満杯の本が到着したようなものだろう。ここの描写は、続きものの物語に没頭した経験があれば、身にしみる。

はしる〳〵、わづかに見つゝ、心もえず、心もとなく思ふ源氏を、一の巻よりして、人もまじらず、几帳の内にうちふして、ひきいでつゝ見る心地、后のくらひもなににかはせむ。ひるは日ぐらし、よるは目のさめたるかぎり

この喜びに比べたら后の位も何ほどもない。孝標女はそういう少女だったのである。

夜をこめて猫の鳴き声が聞こえてきた

その翌年、十五歳の五月のある日も、彼女は夜更けまで読書していた。と、そこに猫の鳴き声が聞こえたのである。

猫のいとなごう（やわらかに）鳴いたるを、おどろきて見れば、いみじうをかしげなる猫あり

「いみじうをかしげな」上品な猫であった。どこから来たのだろうと思っていると、姉君が「なんて愛らしい。飼いましょう」と言う。誰か探しに来るかもしれないので、そっと隠れて飼っていた。使用人の棟には行きたがらないし、いやしげな食べ物は口にもしない。人慣れしており、どう考えても上流階級で飼われていた猫である。やがて姉君が病気になり、猫をかまう暇もなく下がらせていると、鳴きさわいでいる。すると姉君が起きてきて、猫を連れてこさせるのだった。

夢に、この猫のかたはらにきて、「をのれは、侍従の大納言殿の御むすめの、かくなりたるなり」

なんと、夢にこの猫が現れて「私は侍従《じじゅう》の大納言（行成卿）の娘が生まれ変わった姿です」と言ったというのである。夢によれば、妹君（孝標女）が自分を憐れんでくれているのを感じ、しばし留まっているのだという。最近になって使用人と一緒に置いておかれ、寂しくてたまらなかったそうで、そのさまは実に気高かった。驚いて夢から覚めたら、猫が鳴いているではないか。姉君はその後、猫を傍から離さなくなった。

猫とふたりきりでいるときに、撫でながら「ここに大納言殿の姫がいらっしゃるのね。大納言殿にお知らせしたいものです」と話しかけたりしていた。猫はこちらをじっと見て、ものやわらかに鳴く。そのさまが心なしか普通の猫と異なり、まるで言葉がわかるようにさえみえ、ゆかしげだった。

『更級日記』はそんな話だったか、と思われる方もいそうである。たしかに、風変りな段である。

このあと姉君は「いま私が突然消えてしまったらどう思いますか」などと聞いてきて、孝標女は驚くのだった。そして翌年春の火事で、猫は焼け死んでしまい、姉君も出産で世を去った。

他にも死を思わせるモチーフが散りばめられている。姉君の没後、親族から「彼女が生前探していた物語が今になって手に入りました」と本が届くが、タイトルが『かばねたづぬる宮』(亡骸を探す宮様)であった。また、行成は「三跡《さんせき》」と呼ばれた能筆家の一人であり、姫の手蹟の見事さも知られていた。孝標は、娘の習字のお手本にすべく、姫が書いた和歌を拝領してきた。こんな歌である。

とりべ山　谷にけぶりも　もえたゝば　はかなく見えし　われとしらなむ

これは『拾遺集《しゅういしゅう》』にある読み人しらずの一首で、鳥辺山《とりべやま》は当時の貴族の火葬場である。その火葬場の煙を我が身に引きつけて詠むさまは、まるで孝標女の姉になり替わったかのようでもある。

それにしても、孝標女も姉も、なぜ猫を姫君の生まれ変わりと信じたのだろう。行成は父の上司であり、その姫は数少ない「身近なセレブリティ」であったと思われる。『枕草子』で絶賛されていた行成の字は、宮廷でも熱狂的なファンが多く、道長もそのひとりだった。書写するために蔵書を行成に貸した彼は「原本をあげるから」と、行成が筆写したほうを引き取ったといわれている。

行成の姫の手蹟は、道長が「父親の若い頃のようだ」と感嘆したほど高雅であったと『栄花物語』にある。孝標女にとって、年も近く、身近でありながら、なお仰ぎ見るような貴婦人であっただろう。

また、清少納言の『枕草子』はすでに出回っており、孝標女が読んだ可能性も少なくない。行成は、実名で登場している。彼は、正真正銘のセレブリティである。祖父は太政大臣になった藤原伊尹《これただ》で『小倉百人一首』の「謙徳公《けんとくこう》」である。早逝した父親の義孝は道長の従兄で、たいへんな美男であった。彼も「君がため惜しからざりし命さへ長くもがなと思ひけるかな」の一首で現代にも知られている。行成はこの義孝の、掌中の珠であった。

そして行成叔父の義懐《よしちか》は、花山天皇の叔父にあたり、一番の側近であった。その頃のオーラに溢れた姿は『枕草子』にある。「法華八講《ほっけはちこう》」という宗教イベントで、清少納言と問答した若き日の武勇伝は、少納言自身より義懐の晴れがましい様子が印象深い。花山天皇と共に潔く出家を遂げた義懐は、行成とも親しい存在であった。

孝標女はのちに、後朱雀天皇（一条天皇と彰子の次男）の内親王・祐子《ゆうし》に短期間仕えた。祐子は、定子皇后の孫にあたる。行成や義懐について、あるいは宮中で仄聞したこともあったかもしれない。

更級日記というフィクション

『更級日記』は孝標女が夫に死に別れたあと、五十代になって思い出を再構成したものである。早逝した姫君が猫という畜生に転生し、すぐ焼死してしまうという救いのなさ。この日記における「大納言の姫」は、どこまでも不幸なめぐり合わせにある。

が、セレブリティであるからこそ、その儚さが絵のようである。

この「をかしげなる猫」は、日本文学史上でも稀な「感情移入された猫」である。毛柄などの描写がまったくないにもかかわらず、その仕草や鳴き声、表情が、後世の愛猫家の心に響く。「こちらの心がわかっているように思わせる」猫というのは、現代人には馴染み深い存在だが、それは奇しくも、宇多天皇が愛猫に「おまえは私の心がわかるだろうね」と語りかけた、まさにその感情の発露であった。天皇が愛した忠臣・道真の六世の孫が、あらためて猫に語りかけたのだ。

大納言の姫も、孝標女も、そして猫も、名前が伝わっていない。この薄幸な姫君は、ずっとのちに江戸時代になって、浮世絵になって愛でられた。能筆であった彼女が絵にも堪能で、描いた蝶があまりに生き生きとしていたので、飼っていた猫がそれにじゃれつくという構想の愛らしい図案となって、蘇ったのである。そう、行成の姫自身が、猫飼いであった設定なのだ。そうだとしたら『更級日記』も、さらに感慨深いものとなる。

江戸時代の風俗で描かれたため、まったく平安時代を想像させるものではないが、姫は幸せそうにみえる。思えば、彼女は凛々しい公達と新婚期間を過ごしていたのだ。浮世絵を描いたのはもちろん、愛猫家の絵師・歌川国芳である。彼の鎮魂の思いであったかもしれない。

Column

⑤猫、海を渡る

鎌倉幕府の執権《しっけん》・北条義時《ほうじょうよしとき》が没したのち、継室・伊賀《いが》の方にまつわる「伊賀の変」によって、彼女の子どもたちは異母兄・泰時《やすとき》に後見されることになった。金沢《かねさわ》（北条）実泰《さねやす》の「泰」は、泰時からの偏諱《へんき》である。

同母兄の政村《まさむら》はそののち執権となったが、実泰は二十代で出家した。その家督を継いだのが、嫡男の実時《さねとき》である。母方に、狩野《かのう》家の祖・工藤《くどう》茂光《しげみつ》の血を引いている。実時は評定衆《ひょうじょうしゅう》などを務めたのち、現在の横浜市金沢区に隠居した。実時は漢学・和学の両刀使いで「河内方《かわちがた》」と呼ばれた源氏物語研究の一派を支援し、注釈書編纂にも携わった学者であった。彼の蔵書が元となったのが「金沢文庫」である。武家が創った絢爛《けんらん》たる蔵書コレクションというのは前代未聞で、北条氏滅亡後は、菩提寺である称名寺《しょうみょうじ》が管理した。のちに徳川家康がごっそり紅葉山《もみじやま》に移したという。

実時は、大量の経典を南宋《なんそう》から取り寄せた。江戸期の田宮仲宣《たみやちゅうせん》の随筆『愚雑俎《ぐざっそ》』「大船の猫」の項に「往古仏教の船来せし時、船中の鼠を防がんために、猫を乗来る事あり」とある。それらの猫が金沢で繁殖したものを「金沢猫」略して「かなねこ」と呼んだ。

又猫ヲカナト云ハ昔シ武州金澤ノ文庫ニカラヨリ書ヲ取ヨセテ納メシニ船中鼠ノフセキニ唐猫ヲモノセ来ル／金澤猫トテ逸物トス（『大和本草《やまとほんぞう》』貝原益軒《かいばらえきけん》）

称名寺　横浜市金沢区

（猫を「かな」というのは昔、武蔵国金沢の文庫に中国の書を取り寄せた際、鼠の予防として唐猫を乗せて来たものである。金沢の唐猫として逸物といわれた）

「かなねこ」は金沢近辺では知られた存在で、藤沢（神奈川県藤沢市）あたりでは長らく猫のやりとりに「何所の猫にてござる」「金沢猫也」という問答があったという。応永年間創建と伝わる千光寺《せんこうじ》には、かなねこの猫塚も伝わっている。戦国期の文明年間、金沢文庫を訪れた万里《ばんり》集九《しゅうく》という禅僧は「玉簾《たますだれ》と唐猫の子孫」が見られるかと期待した（門前払いであった）。玉簾は「楊貴妃《ようきひ》使用」と伝来する重要文化財で、それと並び称されるほど「かなねこ」は名高かったのだ。

江戸中期の宝暦の頃、文人たちに流行したの

鎌倉志 称名寺の唐猫　メトロポリタン美術館蔵

が「摺物《すりもの》」である。人気の絵師に絵を描かせ、俳句好きは俳句を、狂歌師は狂歌を載せて自費出版し、交換するという、いまの同人誌文化の先駆けのような流行だった。新年に絵暦を配るほか、役者の襲名披露フライヤー、謡の会といったイベントパンフレットなどの役目を担い、浮世絵の発展を促した。

山東京伝《さんとうきょうでん》（北尾政演《きたおまさのぶ》）の同門である窪俊満《くぼしゅんまん》は京伝と同様、絵も描けば狂歌もよくした。その自作摺物を集めたアンソロジー「春雨集《はるさめしゅう》」に「鎌倉誌　称名寺の猫」がある。赤い首輪の白黒猫という「枕草子推奨型」の猫が、書を収めた美しい箱に覆いかぶさる構図で、なかなかかわいらしい。メトロポリタン美術館が所蔵している。

幕末の文化年間、菅江真澄《すがえますみ》が『筆のまにまに』に記すところでは、金沢猫は「みな尾短く形も長からず、三毛、斑なるなど渡せり」とある。かなねこ伝説は健在だった。しかし、前述の『愚雑俎』は時代も近いが「今京都に畜物《かふもの》は大体唐猫なり。大坂に飼ものは和種多し。其証京師のものは尾長し、浪華のものは尾短し、尾の長短によって見分べし」と書かれている。

たしかに、宇多天皇の猫は「常低頭尾著地（常に身を低く頭と尾を地につけて）」とあるので、尾は長かったかもしれない。中国の『本草《ほんぞう》綱目《こうもく》』にも「身は狸のようで面は虎のやう、毛が柔で歯が鋭く尾が長く、腰が短い」とあるので、彼の地では尾長猫が多かったようにも思われる。

しかし、『筆のまにまに』には「かなねこは短尾」とある。歌川国芳が描いた猫たちは短尾が多かった。これらは和猫だったのか、唐猫だったのか。尾の長い猫は長生きすると猫又になると嫌われる傾向もあったので、淘汰されたのか。猫にもさまざまな変遷があったようである。

なお、長崎には「尾曲がり猫学会」なる会がある。長崎には「短尾」「お団子しっぽ」「曲がりしっぽ」などの尾を持つ猫が、他地域より多いそうだ。「尾曲がり」は短尾の一つのタイプであるが、これも長崎の出島《でじま》由来かもしれない。バタビア（インドネシア）などを拠点にしていたオランダの東インド会社が短尾猫を供給し続け、優性遺伝で増えていった尾曲がり長崎猫は、江戸時代版の「かなねこ」といえそうである。

また、東海道の御油《ごゆ》宿と赤坂《あかさか》宿（ともに愛知県豊川市）間は二キロメートル以下、その短さから尾の短い猫を「御油猫」とも呼んだそうである。

6．猫、夢に現る――藤原定家と妻と姉と猫

歌聖・藤原定家《さだいえ》一家は、実は歴史に深く関わっていた。彼と妻、そして姉には、忘れられない猫の思い出があった。

波乱万丈の兄弟姉妹

藤原定家というと『小倉百人一首』を編んだ人、浮世から隔絶された歌詠みのようなイメージがある。実際の彼は、自らと子供の出世に汲々とし、権力にすり寄りながら陰で罵倒し、恵まれない健康に悩み続けた人物であった。

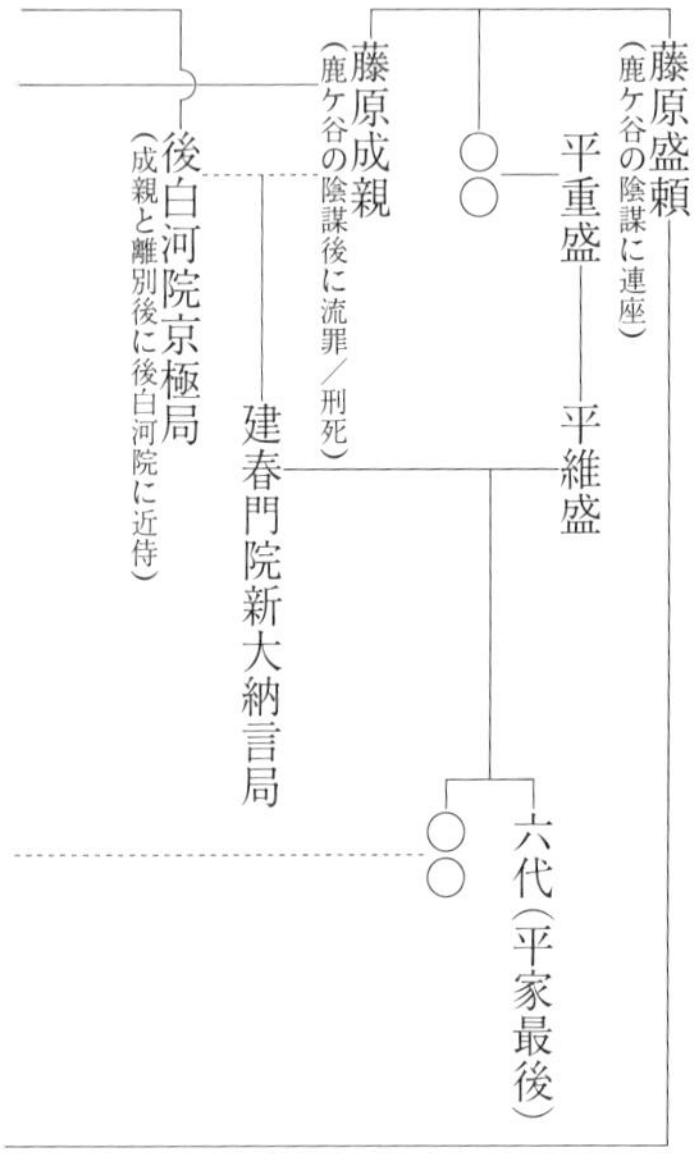

高名な歌人・俊成《としなり》を父とする兄弟姉妹は、同母だけで十人ほどいた。そのほとんどが姉であり、そ

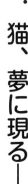

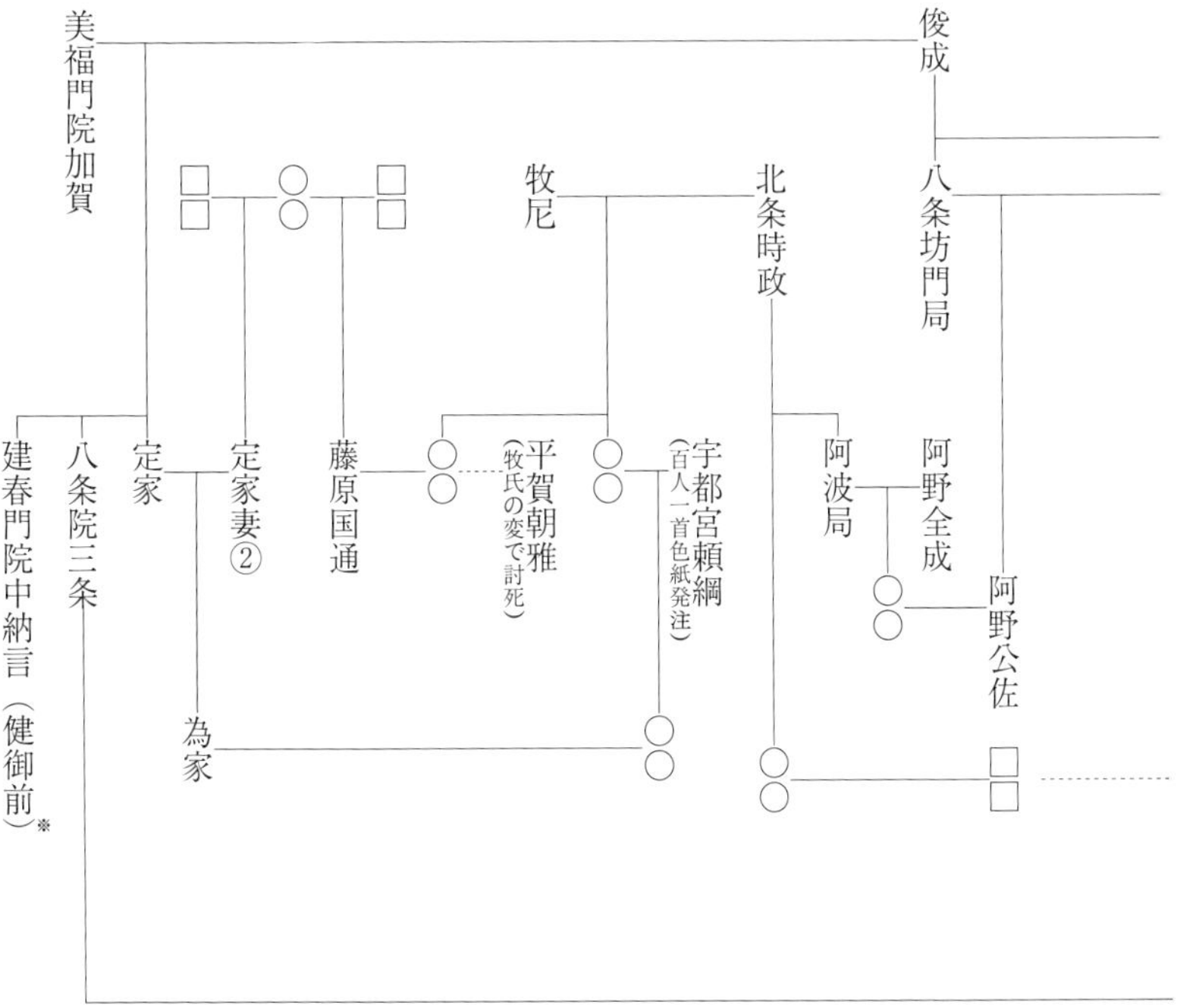

系図５　劇的な人生を送った藤原定家の異母姉たちの系図　□は男性／○は女性
※定家の同母姉妹は他にもいる

してそのほとんどが女院などに仕える職業婦人（女房）であった。たとえば後白河院に仕えた京極局《きょうごくのつぼね》は、院が平清盛《きよもり》に幽閉されたおり、許されて丹後局《たんごのつぼね》とただ二人侍したほどの女性である。

生涯を支え合って生きた兄弟姉妹で、定家ともっとも親しかったのが、五歳年上の建春門院《けんしゅんもんいん》中納言、通称・健御前《けんごぜん》である。健御前は保元の乱の翌年生まれである。定家が七歳で父に連れられ清涼殿にて詠歌したとき、十二歳の健御前は京極局の推薦で、平滋子《しげこ》（建春門院）のもとに出仕した。彼女が残した随筆『たまきはる』によ

月百姿 住よしの名月 定家卿　国立国会図書館蔵

れば、それはそれは華やかな宮中であったらしい。

ところが後白河院五十の賀の年、滋子をはじめ、六条院《ろくじょういん》・高松院《たかまついん》（二条《にじょう》帝中宮）らがあいついで崩じた。美福門院《びふくもんいん》の産んだ高松院には、姉のひとりが出仕し重んじられていた。翌年には鹿ケ谷《ししがたに》の陰謀が発覚し、藤原成親《なりちか》が処刑される。成親の弟・盛頼《もりより》に嫁いでいた姉と子供は、俊成に引き取られた。主を失った健御前は、続いて美福門院の娘・暲子《しょうし》（八条院《はちじょういん》）に仕えた。鳥羽法皇が愛した暲子は初めての未婚の女院であり、父母の大荘園群を継承した超・富裕な女性である。定家の母をはじめ、姉の多くもこの御所に仕えていた。

その八条院が養母となっていたのが以仁王《もちひとおう》である。治承《じしょう》四年（一一八〇）、以仁王の乱が起り、同居していた同母妹・亮子《りょうし》内親王は、以仁王の王女を抱いた健御前らと共に逃亡した。彼女たちが帰京したのは、福原《ふくはら》（神戸市兵庫区）からの還都後である。その後の平家都落ちには、定家の姪とその子たちが泣かされた。京極局が後白河院に侍る以前、藤原成親との間に儲けた一女が、平維盛《これもり》の正室となっていたからだ。光源氏に喩えられた維盛は、妻子を残し西国へと落ちた。平家一門の最後の一人「六代」を産んだのは定家の姪なのである。

定家が父から古今伝授《こきんでんじゅ》を受けたのは、こういう時代であった（系図掲載）。

和歌の才能と誠実な勤めぶりで売った定家であったが、彼が活用した最大のコネが、九条家の家司《けいし》となったことである。当主の兼実は、藤原頼長と骨肉の争いをした忠通《ただみち》の息子である。九条家の後押しで少しずつ昇進しながら、九条兼実や慈円、西行らと和歌の交流を続け、名声を高めていった。

そして、後白河院崩御ののち、定家は最初の妻を離別し、藤原実宗《さねむね》女と再婚した。新しい妻の弟は西園寺公経《きんつね》。公経の妻は源頼朝の姪である。定家より家格はかなり上であるが、関東にもつながる縁が、吉とでるか凶とでるか。

果たして、運気が下がった。建久七年（一一九六）の政変で兼実は失脚、頼朝没後に起こった「三《さん》左衛門事件《さえもんじけん》」では、庶姉が嫁した源隆保《たかやす》が土佐配流となってしまう。そして、従兄の寂蓮《じゃくれん》が死去した。寂蓮は当初、和歌の才を見込まれ俊成の養子となったが、定家の歌才を知って身を引き、そののち共に『新古今和歌集』の編纂に勤しんだ盟友であった。が、完成を見ずに没したのである。

後鳥羽院の勅で編んだ『新古今和歌集』は、院の口出しでなかなか完成を見ずに苛立つ日々が続いた。そこに父・俊成、九条良経《よしつね》（兼実嫡男）、そして兼実の死である。

そんなある日。日記『明月記《めいげつき》』（国宝）に、一匹の猫が登場する。

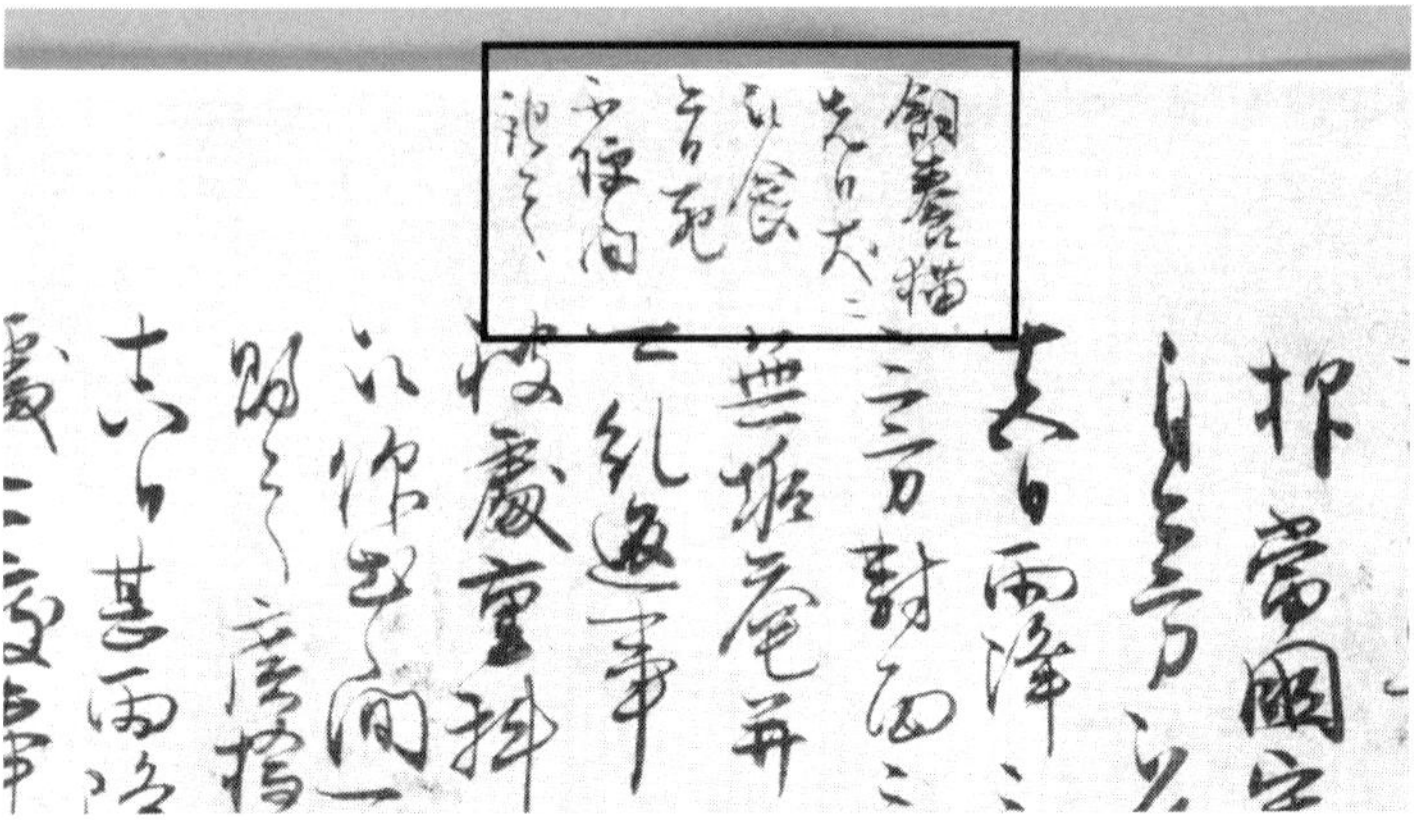

看聞日記（部分）　四角で囲んだ部分で猫が死んだ記事を記す　国立国会図書館蔵

自去々年所養猫爲放犬被噉殺
（一昨年より飼っていた猫が放ち犬にかみ殺されてしまった）
年来予更不飼猫、女房儲此猫之後、日夜養育之、悲慟之思不異人倫
（猫飼いではなかったのだが、妻が飼って以来、日夜養育してきた。慟《なげ》き悲しいことは、人の死と変わりない）

家族の猫をキッカケに猫好きになるのは現代でもありがちだ。「在掌上衣裏（手に乗せ衣の内にいれてきた）」という描写もあり、心情がうかがえる。夜明けに外に出したという。放ち犬が多すぎると定家は嘆いた。一条帝の時代から変わらず、犬は猫の天敵だった。「繋いで飼う」習慣も、猫には災難であったろう。この二百年ほどのち、伏見宮貞成親王《ふしみのみやさだふさ》の『看聞日《かんもんにっ》記《き》』にも「先日犬に喰われ今日死ぬ。かわいそうで書き記す」という記述がある。欄外に当たる「頭注《とうちゅう》」にあるところに、かえって書き記さずにいられなかった風情がある。

「春」を継いだ女主人

その頃、姉の健御前は、ひとりの少女の養育に関わっていた。後鳥羽院と九条任子《にんし》の間に生まれた昇子《しょうし》内親王である。後鳥羽院が溺愛した美貌の皇女で、八条院の猶子《ゆうし》となり、彼女の遺産を継ぐとされていた。定家もたいがい狷介《けんかい》な性格であるが、この姉も強気で知られており、昇子の乳母との不和によって、女主人から遠ざけられてしまう。

そして定家が五十を迎えた頃、八条院がついに逝った。その頃、健御前は夢を見た。夢のなかで健御前は、幼い頃の昇子を腕に抱いていた。実際の昇子はもう十七歳で、すでに春華門院《しゅんかもんいん》という院号を授けられた御身である。夢で昇子は、ふいに「唐猫のうつくしげなる」姿に変わってしまった。

目覚めた御前は「あなあさまし。いかなる事ぞ」と

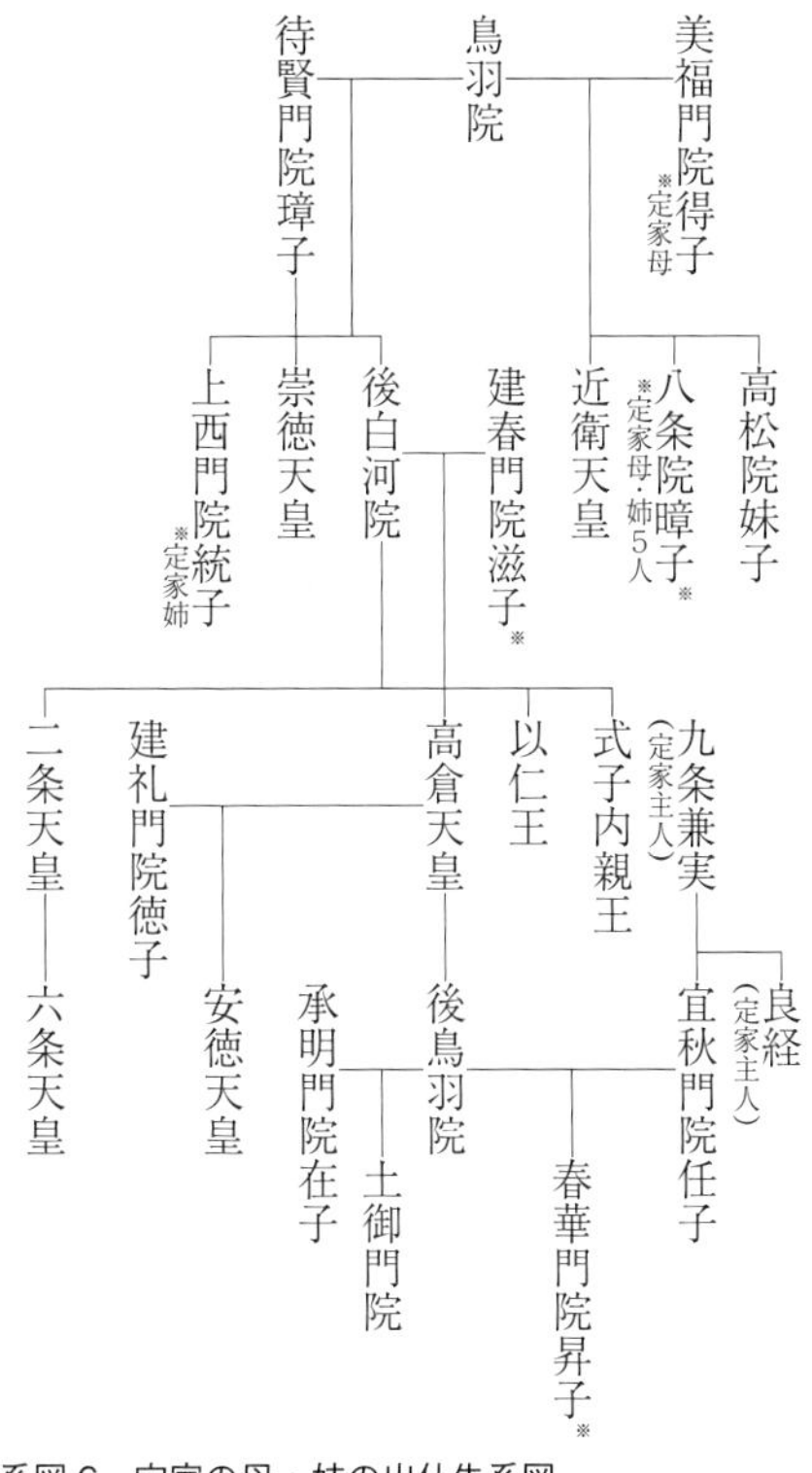

系図6　定家の母・姉の出仕先系図
※印がついているのが主人

動揺した。実は、まだ昇子に近侍していた頃にも、奇妙な夢を見たのだ。夢でやはり幼い彼女を抱いて歩いていると、その姿は水晶の玉に変容し、御前はそれを落として割ってしまったのである。

御前は不吉に思い、祈禱をさせ、人にも相談したが、そのうちに昇子は崩御してしまった。

若き日にときめいていた建春門院・滋子は急死した。その院号から字を分けた「春華門院」という号を持つ昇子を愛おしく思いながら、滋子を懐かしんできた。だが、その儚すぎる院号のように、昇子もまた早逝し、それを夢で告げられていながら、何もできなかった。八条院には三十年近く、昇子は生後三か月から仕えた。数年前に、以仁王の王女も没している。力尽きたように、健御前は病がちになった。

『たまきはる』は、病み衰えた健御前が「養子之禅尼《ようしのぜんに》」に書かせたものと伝わる。自筆原稿が最初から無い、珍しい日記である。が、さらに、弟の定家は、姉が残した反故《ほご》のなかから、選び抜いたものを追加・編集した。猫の夢の記述は、そこにあったものである。姉がその胸に納めて逝くつもりだった思い出を、定家は拾い上げたのだ。

「猫又」の最古文献も定家の『明月記』である。実は定家は、いくつかの猫記録をこの世に残したキーパーソンであった。『更級日記』も、東山御文庫に定家自筆写本「御物本」が伝わっている（実際に生前、『更級日記』を禁中に納めたと書き残している）。定家は膨大な古典を書写し、贈呈したり貸したりしていた。『更級日記』の現存する写本はすべて「御物本」と同系統なので、定家写本がなかったら、この世から失われた可能性もある。

あるいは姉の唐猫の夢を残したのは、『更級日記』を思い起こしたゆえであったかもしれない。定家と健御前は、実は『更級日記』につながる血統である。俊成の母は藤原敦家《あついえ》の娘で、敦家は藤原道綱の孫にあたる。この道綱の母が『蜻蛉日記』の作者だが、孝標女はその姪にあたる。そして、菅原孝標女が敬慕した「大納言の姫」の夫・藤原長家こそ、俊成・定家らの祖であった。

猫を詠む家系

俊成、定家、その子・為家《ためいえ》と、この家系は代々勅撰集の選者となり、為家の子の代で三家に分かれた。『後拾遺集《ごしゅういしゅう》』を編んだ長男・為氏《ためうじ》の「二条家」、次男・為教《ためのり》の子の為兼《ためかね》が『玉葉集《ぎょくようしゅう》』を選んだ「京極家」、そして為家晩年に溺愛された末子・為相《ためすけ》の「冷泉家」である。為相は『玉葉集』の選者になろうとしたが叶わなかった。この為相の弟子が、師匠のために「これまで勅撰集に入集していない和歌を集めた」のが『夫木和歌抄《ふぼくわかしょう》』である。

歌人は千人以上、収載された和歌は一七〇〇〇首を超える前代未聞のマンモス歌集であったため、珍しい歌も採られた。勅撰集のどこにもいない猫がここに三匹、いや三首ある。実のところ、第二節の花山天皇と昌子内親王の歌も、ここに残っていたのである。そしてもう一首は、定家の義兄弟ともいうべき寂蓮の歌であった。

余所にだに　夜床も知らぬ　のら猫の　鳴く音はたれに　契りおきけん

実は定家も「羨まし　声も惜しまぬ　のら猫の　心のままに妻恋ふるかな（恋をするかな）」という「野良猫ソング」を詠んだと伝わっている。野良猫が増えて、繁殖期には鳴き声が響いていたのだろう。その「猫の恋」というモチーフは、俳句に受け継がれていった。

『夫木和歌抄』にある、あと一首も野良猫ソングだ。

まくす原　下はひありく　のら猫の　なつけかたきは　妹がこころか

この歌は、江戸時代の俳諧師・越谷吾山《こしがやござん》の方言集『物類称呼《ぶつるいしょうこ》』（安永四年〈一七七五〉）に引用された。

ねこ・上総の国にて山ねこと云［これは家に飼ざるねこなり］関西東武ともに「のらねこ」とよぶ東国にて「ぬすびとねこ・いたりねこ」ともいふ

続けて『夫木和歌抄』の歌を引き「この歌人家にやしなはざる猫を詠ぜるなり」としている。飼い猫とはっきり分けているわけである。「この歌人」は、源仲政《なかまさ》（仲正）である。曾祖父が酒呑童子《しゅてんどうじ》討伐で知られる源頼光《よりみつ》だ。史実の頼光は道長など摂関家に仕えた受領《ずりょう》で、富裕な名士であった。

仲政の子が、以仁王と組んで平家打倒を企てた源頼政だ。この家系には歌人も多く、仲政自身も武将ながら藤原俊成と親交を持っていたという。なお、俊成に師事していた武家としては、清盛入道の弟・平忠度《ただのり》も有名である。都落ちにあたって忠度から和歌を託され、俊成は「詠み人知らず」として『千載和歌集《せんざいわかしゅう》』に収載した。

定家自身は、そののち、鎌倉幕府とのつながりを深くした。できたばかりの『新古今和歌集』を源実朝に献上したりしたが、愛猫の死の二年後、実朝が自作の三十首の合点《がってん》（採点）を求めてきた。その後も『五代集《ごだいしゅう》』などを求められ献上し、定家からも所領問題について大江広元を通じ陳情した。御礼として『万葉集《まんようしゅう》』を献上し、実朝は歓喜している。

関東とのコネこそが要となる時代となっていた。定家は、息子・為家の正室として、御家人・宇都《うつの》宮頼綱《みやよりつな》の娘を迎えた。頼綱は熱心な歌人であり、妻は北条時政と牧《まき》の方《かた》の娘であった。つまり、時政の孫娘を息子の嫁に迎えたのである。

嘉禄二年（一二二六）、伊豆から上京してきた「遠江守時政朝臣後家（牧尼）」やその娘（頼綱妻）が為家の冷泉邸に来邸したと『明月記』にある。後日、身重の為家妻らを同道して、牧尼は天王寺《てんのうじ》（大阪市天王寺区）に参詣した。牧尼といえば、彼女によって引き起こされたという「牧氏事件」が有名である。これにより北条時政は失脚し、娘婿・平賀朝雅《ひらがともまさ》は粛清された。『明月記』にも、炎上する平賀邸が描かれており、その折は定家も幼い九条基家《もといえ》の避難を手助けしたものである。

平賀朝雅に嫁いだ牧氏の娘は、そののち藤原国通《くにみち》に再嫁したのだが、この国通が定家妻の異母弟であった。時政の娘との縁組は、こういったあたりから結ばれたのかもしれない。『明月記』には、翌年、牧尼が国通と共に、亡夫・時政の法要を盛大に行ったことなど記述されており、牧氏事件のその後についても、知る手がかりとなっている。

そして猫は残された

承久の乱ののち、定家は父を超え、正二位権中納言まで昇った。定家といえば「源氏物語推し」としても知られている。生涯で何度も書写した。父・俊成にしてから「源氏見ざる歌詠みは遺恨ノ事也」と言い残しており、母・加賀は『源氏物語』と紫式部を供養する「源氏供養」を行うほどであった。孫娘は、『源氏物語』をはじめとして王朝物語を女性たちが批評する『無名草子《むみょうぞうし》』の著者といわれている。

登場人物は四百人以上、天皇四代にわたる一大巨編なので、設定資料を作るファンも現れていたらしい（無理もない）。『更級日記』の菅原孝標女も「譜」と呼ぶ副読本と共に『源氏物語』を読んでいる。人物系図か年表か、今となってはわからないが、そういったファンブックがすでにあったのだ。平安末期には注釈書『源氏釈《げんじしゃく》』や「古系図」と呼ばれる人物関係図（バージョン多数）があった。

『源氏物語』は、早くから男性が真剣に研究した異色の王朝物語であった。定家もまた注釈書である『奥入《おくいり》』を書いた。そして室町初期に、四辻善成《よつつじよしなり》という公家が、注釈書として最初の集大成というべき『河海抄《かかいしょう》』を送り出す。この四辻善成こそ、承久の乱で配流となった順徳院《じゅんとくいん》の子孫なのである。

後鳥羽・順徳・土御門《つちみかど》の三院のうち、佐渡《さど》に流された順徳院がもっとも長生きした。定家は最晩年まで、佐渡から送られた院の御百首に判をしている。彼は後鳥羽院の三男で、母は藤原範季《のりすえ》の娘・重子《じゅうし》である。藤原範季。そう、平教盛《のりもり》の娘を妻に迎えていながら、源義朝の遺児・範頼《のりより》を育てていたという、あの曲者だ。そんな両親を持つ順徳院が、配流後に儲けたのが善統《よしむね》親王である（佐渡で生まれたのかは不明。母も不詳）。祖母の重子のもとで育てられ、四辻宮と呼ばれた。

この親王の孫が四辻善成である。善成は「若菜上」の巻の「内裏の御猫」について、第一節の宇多天皇の猫日記をそっくり引用した。猫に語りかける柏木に、善成は四百五十年以上前の黒猫を思い起こしたのである。その後、『寛平御記』は散逸してしまったが、『河海抄』にあった猫の記述は残った。柏木を破滅に導いた猫は、宇多帝の黒猫をこの世に残した。

順徳院の血を引く四辻善成もまた、室町期を生きた「源氏の君」であった。

Column

⑥業平、猫になる

『百人一首』は藤原定家が、宇都宮頼綱から「別荘の障子色紙に名歌を揮毫《きごう》してほしい」と頼まれて選んだといわれている。あの北条時政の娘を娶った御家人である。

嵯峨《さが》・小倉山《おぐらやま》（京都市右京区）にあった定家の山荘は、頼綱の別荘に近く、息子・為家も含め家族ぐるみの交流があった。嵯峨まで定家を訪れる者も多かった。北条時房《ときふさ》の子・三郎入道真昭《しんしょう》もその一人である。母は足立遠元の娘で資時《すけとき》と名乗ったが、承久の乱の前年、出家した。蹴鞠や和歌に優れ、勅撰集に数多く入集している。定家は彼を「歌骨を得ている」と評価し、何度か面会した。

『百人一首』は、天智《てんじ》・持統《じとう》帝という父娘ペアに始まり、後鳥羽・順徳帝の父子ペアに終わる。歌人としても名高い天下の色男・在原業平は兄の行平《ゆきひら》とペアで採られた。唯一の兄弟ペアだ。

この業平、実は猫に見立てられたことがある。

むかし男ありけり。ひむがしの五条わたりにいと忍びていきけり。みそかなる所なれば、門よりえ入らで、わらわべのふみあけたる築泥のくづれより通ひけり。

『伊勢物語《いせものがたり》』五段目の一節である。お忍びの

藤原定家時雨亭跡　京都市右京区・二尊院境内

夜歩きが様になる男だ。子どもが崩した塀の破れからそっと女人のもとに通う業平を、松尾芭《まつおば》蕉《しょう》はこう詠み替えた。

猫の妻　竈の崩れより　通ひけり

いわゆる「猫道」を通って徘徊する猫に、業平を投影したのである。彼の人物像を巧みに生かしたさすがの一句だ。だが、歌川国芳は容赦なかった。『当流猫の六毛撰』で六歌仙《ろっかせん》を猫に見立てるにあたって、業平を「むぎはらにじゃれ白」という白猫にしてしまった。

「吹くからに」の文屋康秀《ふんやのやすひで》は「今夜はやすむね」、「わが庵は」の喜撰法師は眉間にぶちがある「みけんぽっち」、チョウチョを追いかける僧正遍照《そうじょうへんじょう》は「ちょうちょうてんご」、大伴黒《おおとものくろ》主《ぬし》は貫禄たっぷりの「大どらの黒ぶち」、そして小野小町《おののこまち》は「あまの子持ち」として仔猫たちに授乳させる姿だった。

なお六歌仙のうち大伴黒主だけ、定家は『百人一首』に選んでいない。黒主は『石山寺縁起絵巻』の宇多天皇の石山詣での場面に登場している。

紀貫之も、江戸期にはこんな川柳で揶揄《からか》われている。

貫之は　猫を追ひ追ひ　荷をほどき

土佐守であった彼が、土佐名物の鰹《かつお》の匂いを漂わせて帰京し、猫につきまとわれたという構想である。彼の『土佐日記』の自筆本に感激した定家は、「臨摸《りんも》」（筆跡の透かし写し・真似の意）に挑戦している。その後、自筆本のほうは失われ、定家の写本が国宝となった。

『小倉百人一首』にも、もちろん猫はいない。だが「失せ猫を帰すまじない」として有名な歌がある。業平の兄・行平によって詠まれた一首で、つくづく猫に縁がある二人である。

立ち別れ　いなばの山の　峰に生ふる　ま
つとしきかば　いま帰りこむ

この一首を紙に書いて逆さに貼るとか、書いた紙を置いて猫の椀を伏せておくとか、地方によって方法は微妙に違う。去勢手術が一般的になる以前、牡猫はとくに帰らないことが多かっただろう。

そして定家が『百人一首』に自選したのが、この一首である。

来ぬ人を　松帆の浦の　夕なぎに　焼くや
藻塩の　身もこがれつつ

信州安曇野《あずみの》（長野県北安曇郡）あたりでは、こちらが「猫返しの歌」とされていたようで（『猫の民俗学』）、定家と定家の猫が、草葉の陰で喜んでいそうである。

元禄期にはもう、木版刷のかるたが登場したといわれている。状況説明の詞書が省略され、歌だけが色紙となった『百人一首』は、かるたとして絶好であった。解説書も多数出版され、パロディも次々つくられ、果ては錦絵の連作テーマになった。歌川国芳が錦絵『百人一首之内』シリーズで定家の歌を取り上げた際、描いたのは歌の内容ではなく、戻ってきた猫を固く抱きしめ、鰹節を削ってごちそうしようという猫飼い家族の姿であった。

なお、猫好きの小林一茶は繰り返し俳句に『百人一首』を取り入れた。

なの花も猫の通い路吹きとぢよ
有明にかこち顔也夫婦猫
うかりける妻をかむやらはつせ猫
侘ぬれば猫のふとんをかりにけり
百敷や都は猫もふとん哉

それにしても猫というだけで、独特の雰囲気が生まれるものである。猫耳などつけなくても、あの業平が、猫になるのだ。

第二章

猫の自由と受難

戦国の猫、悲喜こもごも

戦国時代は人間もたいへんだったけど、猫も同様だった。

あたら鼠《ねずみ》を捕れるという特技があるため、益獣《えきじゅう》として重宝されたのはいいが、中世までは紐《ひも》でつながれて飼育されていたのに、権力者の布告により急に放し飼いが奨励されてしまった。一見、将軍徳川綱吉《ぐんとくがわつなよし》の「生類憐《しょうるいあわ》れみの令《れい》」ばりに、猫の天下泰平が実現したかにみえたが、理想と現実はいつの世も、どの世界も違うものである。

喜びのあまり、家の外に飛び出して自由を謳歌するぞと思ったのもつかの間、外の世界は悪人と悪獣が横行する巷だったのである。世間知らずの猫たちは盗人たちに拐《かどわ》かされて、よそへ高値で売り飛ばされたかと思うと、犬などの大型動物たちからは追いかけられて格好の餌食にされてしまう。まるでティラノサウルスに追いかけられて捕食されてしまう哀れな人類のように、ジュラシック・パークさながらの弱肉強食の世界に放り出されたも同じだったのである。

でも、捨てる神在れば拾う神も在る。猫を益獣としてではなく、家族同様のペットとして慈しんでくれる人間もいたのだ。気まぐれな猫が行方不明になって帰ってこないと心配になって般若心経《はんにゃしんきょう》を唱え無事の帰宅を祈り、久しぶりに戻ってくると大喜びしてくれるお公家さん。またかわいがっていた牝猫が死ぬと、戒名《かいみょう》をつけてくれる奈良のお坊さんもいた。まさに地獄に仏とはこのことだろうか。

ほかにも、太閤秀吉《たいこうひでよし》の愛猫が行方不明になって、あたふたとする奉行《ぶぎょう》の浅野長吉《あさのながよし》。もらった猫を奥方に取られてしまったから、もう一匹くれと島津《しまづ》家にねだる前関白太政大臣《さきのかんぱくだいじょうだいじん》の近衛前久《このえさきひさ》。朝鮮半島まで渡って人間に時を知らせた猫もいた。そのうちの一匹はかわいがってくれたご主人様が亡くなると、「殉死《じゅんし》」してしまったという。こんな人間のような猫もいたのだろうか。

猫と人間の悲喜こもごもに目が離せない。

1. 猫の行方を案じて般若心経
——猫公家・西洞院時慶

紐につないだ飼育から放し飼いへ——織豊《しょくほう》政権が猫の扱い方にまで介入し、人と猫との付き合い方が転換してゆく時代、『時慶記《じけいき》』に綴られた猫愛と心労の日々。

後陽成天皇より拝領した唐猫

織豊時代から江戸時代初期に、西洞院時慶《にしのとういんときよし》（一五五二～一六三九）という下級公家がいた。西洞院家は桓武平氏《かんむへいし》の出自で、半家《はんけ》という公家社会でも下位の家柄である。もっとも、時慶は八十八歳と長生きしたこともあり、従二位参議《じゅにいさんぎ》にまで昇り、公卿《くぎょう》（従三位以上か参議以上の公家）に列している。

時慶は三十代なかばから最晩年までの五十三年間のうち、断続的に二十年分の日記を残している。『時慶記《じけいき》』と呼ぶ。これは現存するものだけで、本来はもっと多かったのかもしれない。その内容は多彩で、宮廷の多種多様な行事や出来事、豊臣秀吉・徳川家康といった武家政権や諸大名の動向、プライベートでは、細々とした日常生活や親しい公家との交流のほか、兼業している医師としての施療や施薬まで記されている。

そして、異彩を放つのが猫や鼠の記事の多さである。犬と異なり、猫の記事はもともと史料に表れにくい傾向がある。『時慶記』は執筆期間が長期に及んでいるとはいえ、これほど記事が多いのはほかに類をみない。時慶には「猫公家」という異称を奉りたいほどである。

それでは、『時慶記』の猫に関する記事を見てみたい。主に、三つの出来事に分けられる。

①時慶が猫をもらったり、入手した記事
②時慶の猫が行方不明になったり、戻ってきたりした記事
③鼠退治や鼠狩りの道具などの記事

まず①から見てみよう。時慶がいつ頃から猫を飼いだしたのかは不明だが、日記での初めての記事は、天正十五年（一五八七）四月二十九日条で、「猫の子を御いまからもらった」というものである。御いまは時慶の母の侍女のようである。彼女は実家から調達してきたものだろうか。それから四年後の同十九年五月八日条には「猫の子が（下鴨の）蓼蔵から到来した」とある。四年前の猫と一緒に飼うことになったのか、四年前の猫が死んだか行方不明になったから、新たにもらったのかどうかはわからない。さらに十年以上たった慶長七年（一六〇二）には、どこからか「灰毛猫」をもらっている。

猫の入手でいちばん興味深いのは、慶長十年（一六〇五）十一月十四日、後陽成《ごようぜい》天皇から唐猫を拝領していることだろう。頂戴した相手が天皇、しかも拝領した猫は外国産という希少価値の高い猫だった。唐猫といっても、必ずしも中国（明《みん》国）産の猫だとは限らないだろう。南蛮貿易で東南アジアや

ヨーロッパからもたらされた可能性もある。犬についても、ヨーロッパから運ばれてきた事例もある（『上井覚兼日記《うわいかくけんにっき》』など）。

時慶が下級公家ながら、後陽成天皇から珍しい唐猫を拝領できた理由は、四人もの娘を宮廷に送り込んでおり、なかでも慶子《よしこ》が内侍所《ないしどころ》に入って勘解由局《かげゆのつぼね》（平時子《ときこ》）と呼ばれる女官（新内侍）になっていることが大きいだろう。そして、時慶は慶子から唐猫を受け取っている。彼女から天皇への働きかけがあったからだろう。彼女は天皇お気に入りの女官であり、実際、二人の皇女（大聖寺《だいしょうじ》尼門跡の永崇《えいすう》女王と夭逝した高雲院宮《こううんいんのみや》）を産んでいる（『本朝皇胤紹運録《ほんちょうこういんじょううんろく》』）。このように、娘を通して時慶は天皇との距離が近かったのである。

さて、珍しい唐猫だが、その後どうなったのか時慶の日記には記事がみえない。大事にされたはずだが、逃げ出したりしたのだろうか。

猫をめぐる法令の布告

次に②である。当時、洛中では猫を盗む行為や公然たる売買が横行していた。猫は愛玩用というより、鼠を捕る益獣として重宝されていたからである。豊臣政権はこれらの行為を犯罪として取り締まり、厳科に処すべき旨の定書《さだめがき》（禁制《きんぜい》）を出している。ここでは、聚楽第《じゅらくてい》周辺の聚楽町中に対して、京都《きょうと》所司代《しょしだい》の前田玄以《まえだげんい》の名前で出された法令を見てみよう（上田一九七二・二〇〇三）。

一、猫を盗み取ってはならないこと、
一、（猫が）他所から迷い込んだとしても、勝手に捕えて置いてはならないこと、
一、商売人で（猫を）売る者、買う者は共に御成敗なされるとのこと、
右を（関白秀吉が）仰せになったので、そのように通達する。
天正十九年（一五九一）四月二十八日　民部卿法印（前田玄以）
聚楽町中

前田玄以画像　東京大学史料編纂所蔵模写

この年は豊臣秀吉が朝鮮に出兵する前年にあたる。これによると、①猫を盗むこと、②迷い猫の捕獲、③猫の売買がともに禁止され、しかもそれらを犯した者は成敗する、というのだから、とても峻厳な法令である。そして、こうした法令が布告されたことから、洛中では飼い猫が放し飼いにされており、自由に徘徊していた状態だったことがわかる。

時慶もまた、この法令から十年ほどのち、洛中でまた同様の布告が出たことを記すとともに、その布告が猫や飼い主にとっては痛し痒しになっていることを述べている。『時

慶記二』慶長七年（一六〇二）十月四日条には「（他人の）猫はつないではいけない旨、二、三か月以前からお触れがあった。だから、（飼い猫が）ある人のところへ行って行方不明になったり、また犬に噛まれて死ぬことが多い」とある。

放し飼いにされる猫は自由そのものだが、それがかえって猫の不幸を招いているというわけである。法令だから致し方ないが、何も知らない猫もかわいそうだという時慶の嘆きが行間から聞こえてきそうである。

頻繁に行方不明となる猫

実際、時慶の飼い猫も放し飼いにされていたらしく、何度も行方不明になったり、だいぶたってからひょっこり帰ってきたり、逆によその飼い猫が迷い込んだりしている様子が日記からうかがえる。たとえば、慶長八年（一六〇三）二月十八日、也足軒《やそくけん》（中院通勝《なかのいんみちかつ》〈前権中納言〉の軒号）の飼い猫が時慶邸に迷い込んできたので、捕まえて返してやった。次は逆の例で、三月二十五日、時慶の飼い猫が帰ってこなかったが、大炊御門経頼《おおいみかどつねより》（権大納言）が持ってきてくれた。八月八日には中御門資胤《なかみかどすけたね》（権中納言）が時慶の飼い猫を連れてきてくれている。いずれも近隣の公家社会の界隈での出来事である。時慶だけでなく、ほかの公家衆の間でも猫を飼う家が少なくなかったこと、そしてお互いの飼い猫を保護し合っていることがわかる。

翌九年には時慶の飼い猫がいなくなって、とても心配して祈禱までしていることに驚かされる。九月二十六日、「猫が昨日からいなくなったが、今日戻ってきた。般若心経の三巻、五大尊《ごだいそん》（五大明王）の修法を念じたところ、不思議にも帰ってきた（ので安心した）」と、珍しく安堵した感情を表している。同年の暮れは、飼い猫がたびたび行方不明と帰宅を繰り返している。十二月六日にいなくなったかと思うと、三日後の九日に帰ってきた。安心したのもつかの間、十六日にまた行方不明になり、四日後の二十日に帰ってきた。どうやら五条為経《ごじょうためつね》（四位侍従・文章博士）の家に迷い込み、保護されていたらしい。ところが、また二十六日の朝にいなくなったかと思うと、その日のうちに戻ってきたとある。愛猫家の時慶だけに、飼い猫の安否を気遣って落ちつかない日々が多かったようである。

借りた猫で鼠退治

最後に③である。猫が重宝されるのは食害をなす鼠がいるからであり、捕食によって鼠害が減ることを期待されているからである。豊臣政権が成立すると、上方では戦争がなくなり平和になったせいか、経済活動が盛んになり、京都の町衆は豊かになった。貧乏だった公家衆も多少はその余得にあずかったのだろう。米穀などの備蓄も増えてくると、当然、鼠害が増えてくる。

『時慶記』でも、とくに文禄・慶長年間になると、鼠との戦いの記事が多くなってくる。文禄二年（一五九三）一月二十四日には物置にある鼠の穴をいくつか塞いでいる。しかし、その程度では鼠害を防ぐことはできなかったのだろう。慶長二年（一五九七）六月から何度か「鼠狩」とか「鼠不入」という言葉が出てくる。「今晩鼠狩を作る」と述べられていることから、鼠狩は鼠捕り用の籠《かご》ではないかと思われる。ひと昔前にあったような、囮《おとり》のエサを仕掛けたワナ籠のことだろう。一方、「鼠不入」はおそらく「ねずみいらず」と読み、大工弥左衛門尉《やざえもんのじょう》に拵《こしら》えさせていることから、鼠が侵入できない厳重な穀物収納具のようなものだろうか。

しかし、そうした道具だけではやはり事足りなかったのか、猫も動員されている。飼い猫ではなく借り猫も動員されているのがおもしろい。たとえば、慶長十年（一六〇五）八月三日、時慶の日記に「夜猫を雇置」とある。前夜も同様とある。これは鼠の活動が活発になる夜間だけに限って、どこからか猫をレンタルしてきたものだろう。知り合いの公家からだろうか。まさか、猫のレンタル業がビジネスとして成り立っているとは思えない。

ほかの公家の日記にも猫や鼠捕りの記事が散見される。時慶と同時代の公家で山科言経《やましなときつね》（前権中納言）がいる。その日記『言経卿記六』の文禄四年（一五九五）十一月二十九日条に「岸根《きしね》九《く》右《え》衛門《もんの》尉《じょう》へ猫を返した。四、五日借りていた」とある。時慶も同様に、おそらく鼠退治のために近隣から猫を借りたのだろう。

また、京都五山の一つに相国寺《しょうこくじ》がある。足利義満《あしかがよしみつ》が創建した足利将軍家ゆかりの禅宗《ぜんしゅう》寺院である。その塔頭《たっちゅう》・鹿苑院《ろくおんいん》の執務日記に『鹿苑日録』がある。室町時代後期から江戸時代初期までの歴代院主によって書き綴られてきた。

その日記の天文八年（一五三九）十二月二日条に「湖月《こげつ》（同院の僧侶か）が猫を持ち帰ってきた。見事な大猫である」と書かれている。同院でもやはり鼠害に悩まされていたのだろう。翌九年二月二十三日条には「猫が鼠を捕らえた」とある。二か月前にもらってきた大猫の獲物だったのだろう。前日の二十二日条には「大鼠六匹が鼠取りに懸かった」ともあり、時慶の日記で見た「鼠狩」と同じ鼠捕り用のワナだったと思われる。

京都だけでなく、地方の例も紹介してみよう。長州《ちょうしゅう》の大名である毛利輝元《もうりてるもと》が慶長十三年（一六〇八）五月十三日に布告した法度案《はっと》がある。それには犬と猫の条目があった（『毛利家文書之四』一四六八）。第四条は犬と猫、第五条は猫についてである。

④一、犬のこと。鷹狩などのために所持している者は鈴札を付け、なにがし（某）と書き付けすべきである。この外の者が無法に飼うことはすべて禁止すること。

付記　鈴札を付けた犬が屋内に入ってきても、打ち殺すことは控えよ。もし無法に殺したときは科料を命じる。ただし、飼い猫が飼い鳥などを捕ったときは、一つがいに並べて置いておくこと。

⑤一、他人の猫が放たれているのをつなぐことは一切禁止すること。

付記　もし隠し置いたら、科料を出すように。

これによれば、犬は鷹狩用として大事にされ、首に所有者の名前を書いた鈴札を付けて管理されていたことがわかる。そして本来、犬はつないでおくべきだが、何らかの事情で逃げ出した場合、たとえ人家に侵入しても、けっして殺してはならないと命じている。一方、猫に関しても、放し飼いされている他人の猫を勝手につないでおくことを禁止している。また、飼い猫が他人の家の飼い鳥を捕っても、殺さずにつがいにして並べておくよう命じている。管理方法は異なっても、犬猫とも大事にするよう、大名が領民に命じていたことがわかる。

以上、京都の公家を中心に寺院や地方の大名などの事例から、人と猫との付き合い方を見てきた。その付き合いは長い。平安時代から中世にかけては、犬は放し飼いにされ、猫は紐につながれて飼われるのが一般的だった。ところが、織豊時代から江戸時代になると、それが逆転すると指摘されている（藤原二〇一四）。犬猫の飼育や管理についても、統一権力や幕府・大名が介入してきて法令まで制定するようになったのである。それは洛中だけでなく、江戸や地方でもそうだった。

Column

①猫の本能から三年間の合戦に

猫のちょっとした動きから思わぬ戦乱を招いた例がある。

肥後の阿《あ》蘇《そ》大《だい》宮《ぐう》司《じ》家の家老で、甲《か》斐《い》宗《そう》運《うん》（一五一五～八五、御船《みふね》城主）という武将がいた。阿蘇大宮司家は古代からの名門とはいえ、かつての勢いはなく、豊後の大友《おおとも》氏、肥前の龍造寺《りゅうぞうじ》氏、薩摩の島津《しまづ》氏などから圧迫されていた。そうした衰運のなか、宗運は武辺はむろん、巧みな外交で難局を乗り切りつつ、主君阿蘇惟将《これまさ》を支えて阿蘇大宮司家を切り盛りしていた。

事件が起きたのは天文十五年（一五四六）のことである。『甲斐宗運記』からそのいきさつを紹介しよう。

同族で女婿の隈庄《くまのしょう》盛政《もりまさ》（守昌とも、隈庄城主）が舅の見舞いに御船城にやってきた。そのとき、宗運夫人が秘蔵する猫が刀掛けに掛けてあった小脇差の下げ緒に飛びかかったため、脇差が抜き身になって下の石臼に落ちた。そして石臼を五～六分（約一・五～一・八センチ）ほど切ってしまった。

盛政はその切れ味の鋭さを目撃して驚いた。そして宗運に脇差を譲ってほしいとしきりに所望した。しかし、宗運も愛蔵していた逸品だったのだろう、婿の願いを断ってしまった。

隈庄城跡遠景　熊本市南区

ところが、それだけでは終わらなかった。盛政は一度目にした脇差の切れ味にすっかり魅せられてしまい、夫人に密かに盗み取るように命じた。はじめ拒絶していた夫人だが、ついに折れて、実家に帰ったときに脇差を盗み出して盛政に渡した。

盛政は大いに喜んだが、宗運の怒りを買ったので自分の身上も危ういと邪推して、宇土《うと》城主の本郷伯耆守《ほんごうほうきのかみ》（名和顕孝《なわあきたか》）に相談した。伯耆守は島津氏の配下になっていたので、彼を通じて阿蘇大宮司家から離反し、島津氏の幕下《ばっか》につこうと考えたのである。

永禄八年（一五六五）三月、阿蘇惟将が宗運に隈庄城攻めを命じた。隈庄城は堀が七重もある山塊だったので、宗運ら阿蘇軍は攻めあぐんだ。ようやく攻め落としたのは三年後だったという。

『甲斐宗運記』には、この隈庄合戦が「宗運の九寸五分の小脇差より起り」と書いているが、そのきっかけをたどれば、猫のふとした本能から始まったといえそうである。

2．戒名をつけられた猫——英俊『多聞院日記』の世界

「狛《こま》」と書かれた猫、鷹の餌にするための猫狩り、日本史上初の猫の戒名「妙雲禅尼《みょううんぜんに》」……。興福《こうふく》寺《じ》僧侶が記した戦国奈良の猫事情。

戦国・織豊期の一級史料

かつて『古事記《こじき》』に「大和《やまと》は国のまほろば」とうたわれた古都大和。その特殊な国柄ゆえか、武家の世となった鎌倉時代から室町時代にかけても、大和国には武家の守護《しゅご》が置かれず、代わりに興福寺が守護を委ねられていた。織田信長でさえ、大和は「神国《しんこく》」だと述べたという（『蓮成院記録《れんじょういんきろく》』）。

中世に大荘園領主として勢力を誇った興福寺は、鎌倉時代から摂関家《せっかん》（近衛家系と九条家系）の子弟が入室する一乗院《いちじょういん》と大乗院《だいじょういん》という二つの門跡《もんぜき》寺院によって支配され、公卿の子弟が入る院家《いんげ》や数多ある塔頭はどちらかに属した（両門体制）。たとえば、将軍になる前の足利義昭《よしあき》が一乗院の門跡だったことは知られている。このとき、義昭は前関白太政大臣だった近衛稙家《たねいえ》の猶子として同院に入室している。

興福寺五重塔と猿沢池　奈良市

大乗院に属した塔頭の一つに多聞院《たもんいん》がある。多聞院といえば、『多聞院日記』が有名である。文明十年（一四七八）から元和四年（一六一六）まで一四〇年も書き綴られた日記で、研究者の間では同時代の一次史料として重視されている。中心的な記主は長実房英俊《ちょうじつぼうえいしゅん》（一五一八〜九六）という学侶《がくりょ》で、大和国の豪族十市《とおち》氏の出身である。教学に明るいことから、大乗院門跡の尋憲《じんけん》（二条家出身）を補佐・後見したことでも知られている。

英俊は塔頭の日常的な事柄から、寺の外の親族や奈良での出来事、また武家の動向についても詳しく記している。大和国とかかわりの深い松永久秀《まつながひさひで》や筒井順慶《つついじゅんけい》、そして織田信長や明智光秀《あけちみつひで》の動きについても多くの記事がある。特筆されるのは、英俊は猫や犬が好きだったらしく、多くの記事を残してくれていることである。

なぜか夢に出てこない犬猫

そんな英俊の日記には際立った特徴がある。それは夢の記事がとても多いことである。英俊は夢をみずからの執心の所産、内心の欲望の反映だと考えており、夢見るたびごとに、自己の浅ましさを反省し、自嘲するとともに、ときには楽しみや愉悦さえ感じていたという（芳賀一九六二）。そのなかで夢の種別による分析がある。たとえば、僧侶ゆえか宗教関係の夢が二百三十六か所もある。そして動物や植物についての夢も七十四か所という多数にのぼっている。動物のなかでは狐と蛇の夢が多く、ほかに百足《むかで》、モグラ、鹿、尾長鳥《おながどり》、雲雀《ひばり》、鸚鵡《おうむ》、鯉《こい》などがある。ほとんどが霊獣である。植物はやはり蓮花《れんげ》が一番多い。しかも、夢に色彩はないといわれるが、白蓮《びゃくれん》・紅蓮《ぐれん》、荷葉《かよう》（ハスの葉）も見たという。ほかに梅、藤の花、橋の実、キノコなどもあるが、桜や紅葉という定番がないのは不思議ではある。いずれにせよ、動物も植物も仏教的なものとつながることが多く、何らかの啓示を意味しているのだろう。

意外なのは、動物では猫も犬も夢に出てこないことである。その理由はよくわからないが、あまりにも生活に密着した存在だからだろうか。一方、鼠に関する夢は登場するので紹介してみよう。

永禄十年（一五六七）一月十九日、英俊は明け方に夢を見た。英俊の僧房になぜか本尊の仏像がいくつも安置されていたので、勤めへ出る間、用心のために布で巻いてから出ようと思って、まず赤童子《せきどうじ》像に巻こうとしたら、なぜか像がお言葉を発したのである。

「汝《なんじ》は鼠に生まれるべきなり」

それを聞いた英俊は悲しくなり、目の前で畜生道《ちくしょうどう》に落ちるのかと思ったところで夢から覚めた。英俊があとでよく考えてみたものの、畜生道に落ちるような理由が思い当たらない。ただ近頃、狛を二匹飼ったから、そのことを示されたのだろうか。ただ、妄想はいつものことだから、きっとたわいない夢だと思ったらしい。

ここで登場する「狛」はふつう、犬のことだが、後述するように、猫の可能性もある。赤童子像のお告げのきっかけは鼠との対比で猫二匹飼ったとするほうがつじつまが合うからである。

「狛＝猫」の可能性

日記には犬の記事も少なくない。英俊は犬の出産や死に出合うたびに一喜一憂する。たとえば、犬が死ぬたびに「不便《ふびん》也」と書き加えている。不便とは不憫の当て字である。また、織田信長が本能寺《ほんのうじ》の変で落命した二か月半後の天正十年（一五八二）八月十八日、主筋にあたる大乗院門跡尋憲からもらった犬が死んだ。なんと、鉄砲で撃たれたという。英俊は「何にてやらん」（どうしてなのか）とやり場のない悲しみを書き綴る。

犬のやり取りも頻繁で、ほかの塔頭や僧侶との間で交換している。大きくて立派な犬をもらうと、「一段逸物《いちもつ》也」とか「無類の物体一段これに過ぎず」と喜んでいる。この犬のやり取りは贈答や見舞いの手段にもなった。天正十一年（一五八三）五月三日、英俊は良真房《りょうしんぼう》という親しい僧侶から灰白まだらの立派な犬をもらうと、門跡の尋憲に進上している。尋憲も犬好きなのだろうか。また同十三年六月二日、宝蔵院《ほうぞういん》から虎毛でメスの犬の子をもらうと、英俊は病気療養中の明俊尼《みょうしゅんに》という尼僧に見舞いとして贈るというやさしさももっていた。

もっとも、注意しなければならないことがある。それは英俊の日記の表記の癖のようなものである。この日記に頻出する「狛」を犬だと判断して書いたが、先に見たように、じつは猫の可能性もあることを付け加えておきたい。天正十年一月二十八日条に「少輔殿が狛を持ってきたところ、先日常如《じょうにょ》院《いん》から来た『子コ《ね》』（猫）だった」とある。その七日前の二十一日条に「少輔殿より猫一疋《ひき》をもらい受け、蓮成院《れんじょういん》へあげた」とあることと合致しており、狛＝猫だと解釈できるところもありそうである。江戸時代になるが、菅江真澄の『筆のまにまに』の一節に「猫を高麗《こま》といふ処あり。みなもろこし猫といへる事なり」とある（第一章コラム⑤）。高麗＝狛だから、狛は大陸系統の唐猫だったかもしれない。

ほかにも狛＝猫をうかがわせる記事がある。英俊の「夢幻記」と題した別の日記に、時期不明ながら、こんな記事がある。

ある人が虎毛の大きな『狛』を犬くくり（野良犬を捕獲するワナか）で捕らえた。いかにも野良の『子コ』（猫）のようで、人に従わず、十日以上エサを食べなかった。鼠を与えても見向きもしなかった。しかし、メス『子コ』には飛びかかってとらえると、夜になって人も憚らず（交尾した）、エサを食わないけれど、淫欲ほど浅ましいことはない。

ここでは、「狛」と「犬」が別の表記になっており、鼠をエサとして与えたことやメス猫と交尾したことなどを考えると、この「狛」は猫のことであり、おそらく家猫とは異なる野生の大猫ではないだろうか。

愛猫の戒名は「妙雲禅尼」

そして、肝心の猫の記事にも触れないとならない。この日記には「狛」ほどではないが、猫の記事も散見する。たとえば、文禄二年（一五九三）五月、奈良を訪れていた藤七郎《とうしちろう》という京の町人らしき人物が帰京するというので、塔頭の恵心院《えしんいん》からもらった虎毛の猫をあげたとある。「狛」同様に贈答用である。

ちなみに英俊の日記には鼠の記事もあるが、前節でも見た西洞院時慶の日記とは対照的に、鼠害対策として猫の有用性がまったく語られていない。興福寺は大和国の最大の領主で、蔵には膨大な穀物が集積されていたはずなのに不思議である。なお、鼠に関しては「庫の餅を鼠が食べなかったのでめでたい」という記事があり、米穀というよりも保存食として餅が大量に蓄えられていたようである。

英俊にとって、猫は鼠害対策の実用的な手段というよりも、愛玩目的だった可能性が高い。現代人の感覚に近いのではないだろうか。右で見た「狛」の死に対する「不便」という憐憫の情も、猫へのそれだったのではないだろうか。

英俊が猫をことのほか可愛がっていたことがわかる記事がある。英俊は死んだ愛猫に戒名をつけているのである。元亀三年（一五七二）八月五日条に次のようにある。

一、猫死におわんぬ、不便々々、妙雲禅尼《みょううんぜんに》と号す、夢々しい。

愛猫の死を憐れみながら、「妙雲禅尼」という戒名をつけてあげたのである。メス猫だったことがわかる。最後の「夢々しい」とは、まるで夢のようだという意味で、英俊がその死を信じられない、受け入れられないことを示しており、猫への愛情が深かっただけに、大きなショックを受けていたようだ。

これまで猫に戒名をつけるという一種の擬人化行為が文献で最初に確認できるのは江戸時代中期で、俳聖松尾芭蕉の門弟で蕉門十哲の一人、各務支考《かがみしこう》（一六六五～一七三一）だといわれていた。芭蕉死去後、宝永三年（一七〇六）に門人の一人森川許六《もりかわきょろく》が門人たちの作品を集めて刊行した『風俗文選《ふうぞくもんぜん》』に載っている。

それによれば、支考が可愛がっていた猫が隣家の井戸に誤って落ちて死んでしまった。それで、支考がその墓を草庵のほとりに作って、「釈自圓《しゃくじえん》」（オス猫か）という戒名（法号）をつけてやったという（支考は浄土真宗の信徒か）。これが猫につけられた戒名の最初だといわれていた。しかし、英俊の愛猫への戒名が百三十年くらいさかのぼることになる。

なお、現存する猫の墓でもっとも古いのは、第一章コラム③にある江戸の薩摩藩邸（芝の上屋敷）近くにあった島津家の菩提寺、大円寺跡に建てられた「賢猫之塔」ではないだろうか。墓石に明和三年（一七六六）二月十一日と建立年が刻んである（図録『江戸動物図鑑』）。

迫害される奈良の猫

さて、英俊の日記には猫などの小動物が人間によって迫害に遭う記事も二か所あって痛ましい。まず、信長時代の天正五年（一五七七）五月七日条に次のようにある。

奈良中のネコ・ニワトリを安土《あづち》から捕獲に来るというので、僧坊中へみんなが隠した。鷹のエサにするためだという

奈良の住人たちが興福寺に動物たちを隠したのは、同寺が武家などの外部からの侵入や介入を拒否できるアジール（聖域）として機能していたからだろう。

ここには安土（滋賀県近江八幡市）とあるので、明らかに信長の命令である。信長の鷹好きは有名で、信長と誼を通じたい東国の大名たちがこぞって信長に鷹（や鷹のひな）を贈っている。たとえば、この命令の二か月後の七月三日、奥州《おうしゅう》の大名である伊達輝宗《だてでるむね》（政宗《まさむね》の父）が信長に鷹を献上している（『信長公記』巻十）。とくに目を引くのは同八年（一五八〇）三月、関東の雄、北条氏政《うじまさ》が十三羽もの鷹を信長に献上していることである（右同書巻十三）。これらの例からもわかるように、安土城では膨大な数の鷹が飼育されていたことが推定される。鷹は生き餌を好むため、そのエサの調達もたいへんだったことは容易に想像できる。信長は猫の天敵だといえよう。

では、それがなぜ奈良なのかといえば、政治的な背景があるかもしれない。前年の同四年五月十日、

大和の有力者筒井順慶は信長の命により大和国守護に任せられている（『多聞院日記二』同日条）。奈良の人々にとってこれは重大な転機だった。これまで大和を支配した武家は松永久秀や原田《はらだ》直政《なおまさ》がいたが、いずれも失脚したり戦死したりしている。やはり興福寺の隠然たる勢力は健在だった。ところが、興福寺の官符衆徒《かんぷのしゅと》出身である順慶が明智光秀の後援もあって、「和州一国一円筒井順慶存知あるべきの由」（『多聞院日記』）と、大和国の一円支配を認められたことにより、興福寺から順慶へと支配者が交代したのである。順慶は信長からの大きな御恩へのお追従もあってか、鷹のエサ調達を申し出たか、信長の命を受け入れたのではないだろうか。

次の天下人である豊臣秀吉も信長と似たような命令を出している。『多聞院日記』天正二十年（一五九二）二月十日条に次のようにある。

中坊へ、奈良中の狛を取り寄せられるという。皮を剥いで鑓《やり》の鞘《さや》の用ではないかという。何と不憫であることか。

この「狛」は犬か猫か不明だが、それを捕獲し皮を剥いで鑓の穂先の鞘製作の材料にするというのだから、現代人の感覚からすれば、残虐な話である。英俊も憤慨を隠せなかったようだ。

中坊とは、かつて筒井順慶に仕えた大和国衆の中坊秀祐《なかのぼうひですけ》だろう。『多聞院日記』にもたびたび登場し、英俊とも交流があった。順慶は天正十二年（一五八四）八月に他界し、養子の定次《さだつぐ》が跡を継いだが、翌十三年、伊賀上野《うえの》二十万石に転封された。秀祐も定次に従って伊賀に行ったはずである。その後、大和国は秀吉の実弟である大納言秀長《ひでなが》の領地になっている。だから、この命令が出た当時は秀長領だったわけだが、中坊はその代官として奈良に何らかの影響力を行使できたのだろうか。

以上、奈良興福寺の僧侶英俊が書き綴った『多聞院日記』から、猫にまつわる記事を紹介してきた（一部、犬や鼠の話も含む）。英俊が飼い猫の死を悼んで戒名をつけてあげるほどの愛猫家だったことは意外な驚きだった。また人間による猫たちへの迫害、とりわけ権力者によるそれへの批判や憤慨も抱いていたことがわかった。

猫と鷹の逆転――松江藩の猫犬たち

先ほど、奈良の猫たちが信長が飼っている鷹たちの生き餌にされそうだったという話を紹介した。ところが、立場が逆転したケースもあるから面白い。江戸時代前期、山陰の出雲大社《いずもたいしゃ》の宮司職をつとめた北島国造《きたじまくにのみやつこ》家の日記に、犬猫にまつわる事件と、その取締対策として村人たちに「犬猫改帳《いぬねこあらためちょう》」の提出を命じたことが載っている。大変興味深い話なので紹介しよう（岡宏三「松江藩の『犬猫帳』」）。

出雲大社は松江藩領にある。同藩初代藩主の松平直政《まつだいらなおまさ》、二代藩主綱隆《つなたか》ともに鷹狩を好んだ。綱隆の代、寛文十年（一六七〇）十二月、出雲国西端の神門《かんど》郡都築《つづき》六ヵ村が地元の郡奉行に「犬猫改帳」を提出した。その内容は、

一、殿様とお鷹匠が当郡においでのときは前日から逗留されるので、飼い犬猫には綱を付けておきます。
二、以前から犬猫の改めがあったが、今回は殿様が厳しく穿鑿《せんさく》なされたので、犬猫には常に首輪をし、主人の名前を木札に書き付けておきます。
三、もしそれらの犬猫がお鷹場へ出てきたときには、その主人は違法行為だと命じてください（しかるべく処罰する）。

そのうえで、村内で飼われている猫犬の飼い主の名前や性別・特徴をすべて書き上げてある。たとえば、都築宮内村では、猫が十一疋（うち雄は一疋）、犬十一疋、それぞれ飼われていたという。それをすべて改帳に書き上げてあった。

「一、女猫一疋　但し毛はふぢ（ブチか）、足白し　岡本茂兵衛」

という具合である。

藩がこれほど神経質に村の猫犬を把握しようとしたのはなぜなのか。

それは少し前の事件が関係していたという。同年冬、同郡松寄下村《まつよりしも》で、藩主綱隆の鷹を猫が狩ってしまったので飼い主も入牢させられたという。まさしく信長の鷹と奈良の猫の関係が逆転してしまったのである。

結局、綱隆は鷹匠が油断していたからという理由でほどなく飼い主を赦免したそうだが、地元の郡奉行は同村の野良猫や野良犬まで殺処分にしてしまったという。そのうえで郡奉行は飼い犬猫とその飼い主を登録する「犬猫改帳」を提出させたという顚末《てんまつ》である。飼い猫や飼い犬がかろうじて処分を免れたのは、同村一帯が殺生禁断の地だったからだという。

一連のいきさつをみると、同村では殿様の鷹を狩った猫を含む野猫や野犬は殺処分になったが、飼い猫犬は難を免れたようである。しかし、他地域の村々では飼い猫犬まで殺処分の対象になったため、飼い主たちはさらに奥地の島根半島の殺生禁断の地に猫犬を捨てに行ったという。殺処分になるよりは何とか生命をつなげる分だけましだという判断だったのだろう。

このように、藩主による猫犬への苛酷な処罰は領民たちから不評を買ったという。そもそも鷹狩となれば、領民たちは勢子《せこ》として動員されるのも迷惑のうえ、「江戸より狩場へ悪事」が命じられたと右日記にある。悪事とは、江戸から猫犬の殺処分を命じた藩主への恨みだったのではないかとされている。江戸時代の人々も猫犬への憐憫の情を持ち合わせていたのである。

Column

②豪徳寺の招き猫

東京世田谷区《せたがや》にある豪徳寺《ごうとくじ》は「猫寺」と呼ばれている。招き猫（同寺では「招福猫児《まねぎねこ》」と呼ぶ）は有名である。境内に集められた大小さまざまな招き猫が所狭しと並べられていて、その数と壮観さに驚いた人も多いだろう。

豪徳寺は彦根《ひこね》藩井伊《いい》家の菩提寺である。それ以前は足利一族の吉良《きら》氏ゆかりの寺院で弘《こう》徳院《とくいん》と称した。江戸時代になると、寛永十年（一六三三）三月、彦根藩二代藩主直孝《なおたか》（一五九〇～一六五九）が将軍徳川家光《いえみつ》から五万石加増され、都合三十万石と、譜代大名随一の大身となった。加増分は下野国佐野《さの》（栃木県佐野市）と武蔵国世田谷だった（『新訂寛政重修諸家譜《しんていかんせいちょうしゅうしょかふ》』第十二）。

同十五年、直孝は井伊家領になった弘徳院の大檀那《おおだんな》となり、殿舎や堂宇の修理や再興を行ったので同院は面目を一新した。そのため、直孝は同院の「中興開基《ちゅうこうかいき》」と呼ばれた（『新編武蔵《しんぺんむさし》風土記稿《ふどきこう》』巻之四十八）。

直孝は初代藩主で徳川家康の重臣だった井伊直政《なおまさ》の二男である。兄直勝《なおかつ》が病気がちだったため、大坂の冬の陣には陣代として出陣、夏の陣の前には家康の命で直勝が隠居し、直孝が家督を相続した（三代藩主とも呼ばれる）。そして若《わか》江《え》の戦いで豊臣方の木村重成《きむらしげなり》を討ち取る殊勲をあげている。元和偃武《げんなえんぶ》（豊臣氏滅亡による天下和平）ののちは秀忠《ひでただ》、家光の信任厚く、幕府の重鎮として重きを成した。

豪徳寺の招き猫　東京都世田谷区

　万治二年（一六五九）六月、直孝は江戸で他界した。法号は久昌院殿豪徳天英居士《きゅうしょういんでんごうとくてんえいこじ》だった。弘徳院はそれにちなみ、寺号を豪徳寺と改名した。なお、寺側や地元では「ごうとくじ」ではなく「こうとくじ」と呼び習わすという（小島一九九九）。弘徳院を踏襲しているのだろうか。

　さて、豪徳寺には有名な招き猫の由来談がある（小島前掲書）。

　豪徳寺がまだ小庵であったころ、庵主の僧が一匹の猫を飼っていた。あるとき、庵主が猫をなでながら、独り言で、情のあるものならば、育ててもらった恩に報いてもよいのにといった。それを聞き、猫は門前でうなだれていた。

　そのうちはげしい雷雨になった。そこへ

立派な狩装束の武士が、二、三の供の者を連れて通りかかった。すると猫が前足をあげて武士を招いた。不思議に思った武士が猫について行くと、庵がある。そこで雨やどりをしながら、武士は庵主の法談を聞いた。

　老僧の高徳・博識と猫の霊妙なふるまいに感じた武士は、その庵を菩提寺に定めた。その武士は近江《おうみ》（滋賀県）の彦根藩主、井伊家の第二代当主、井伊直孝であった。

　この由緒をもとに、後世、直孝の墓の近くに猫塚をつくったのが招き猫信仰の始まりだという。かつては直孝の墓の後ろに招福猫児の祠《ほこら》があったというが、現在は樹木になっている。昭和三十年（一九五五）頃から立派な拝殿ができ、現在の姿になったという（小島前掲書）。

　招き猫の由来談の成立はいつ頃になるのだろうか。猫が直孝を招いたとすれば、弘徳院の大檀那になった寛永十五年以前ということになる。だが、史実だとは考えにくい。

　一説によれば、豪徳寺が井伊家の格式にふさわしい伽藍をととのえたのは十七世紀後半の大造営のときで、その施主は直孝の長女掃運院《そううんいん》（亀姫）とその生母春光院《しゅんこういん》だという。掃運院や豪徳寺は明僧隠元《いんげん》がもたらした黄檗宗《おうばくしゅう》と接触している。そのため、同寺の伽藍や仏像に黄檗宗の様式を取り入れているという。招き猫による招運来福の信仰もその影響ではないかというのである（小島前掲書）。

　いずれにしろ、招き猫は家内安全、商売繁盛のご利益があると信じられ、たちまち全国ブランドになっていき、現在でもその信仰が冷めることはない。

3. 身代わりの虎毛の猫
——太閤秀吉の愛猫失踪騒動

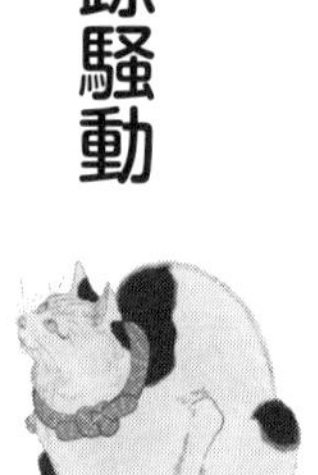

動物にまつわる逸話の多い秀吉には、やはり猫とのエピソードも残されていた。お気に入りの飼い猫が行方不明となった折、捜索を命じられた浅野長吉は血眼になって探すが……。

秀吉、虎の肉を食す

豊臣秀吉と動物とのかかわりは少なくない。

いちばん破天荒で常識はずれの逸話はやはり鷹狩に関するものである。日本列島の北と南から大名たちに勢子《せこ》を命じて、動物たちを追わせて鷹狩をやるというのだから、天下人の威光をこれ見よがしに示そうとしたといえよう。

ほかにも一見豪快な逸話もある。朝鮮出兵の頃、秀吉の奉行である木下吉俊《きのしたよしとし》（吉隆《よしたか》）と浅野長吉（のち長政《ながまさ》）が島津義弘《よしひろ》に宛てて、虎の肉を調達するようにという秀吉の命令を伝えている（『旧記雑録《きゅうきざつろく》後編《こうへん》二』一四三二号）。

太閤様がご養生のため必要な御用の虎を捕獲して塩漬けにし、ことごとく献上するようにとの御《ぎょ》意《い》である。皮は不要なので、捕獲した者に遣わすとの仰せである。頭・肉・腸どれも一匹分、残らず塩漬けにするようお命じになってから献上するように。

なんと、秀吉は虎の肉を食するため、島津氏に虎の塩漬けを献上するように命じているのである。朝鮮出兵時での虎狩りの逸話は数多いが、その多くは秀吉への献上のためだったようである。おそらく島津氏だけでなく、ほかの大名にも同様の命令があったと思われる。

豊臣秀吉画像　唐入りの頃の秀吉を描いたとされ、虎も描かれている　個人蔵

それにしても、当時の日本人は殺生禁断の意識が強く、肉食を忌避していたなかで、肉食、それも国内には棲息しない虎の肉を食するというのは一種異例というほかない。秀吉は何を考えていたのだろうか。

奉行衆のこの下知状《げちじょう》は文禄三年（一五九四）十二月のものである。その時期から考えられるとすれば、前年の八月に秀吉の二番目の息子、お拾《ひろい》（のちの秀頼《ひでより》）が誕生していることと関係があるのではないだろうか。目の中に入れても痛くない愛児の成長と成

加藤清正による虎退治　個人蔵

人を見届けるために、当年五十八歳と還暦に近い秀吉は長生きする決意をしたのではないか。そして、誰かがそのためには虎の肉を食することがよいと吹き込んだのかもしれない。虎の肉は精力剤になるとか、骨は漢方薬にもなるといわれる。この逸話の秀吉は豪快というよりも、幼子のために涙ぐましい努力をしようとする平凡な父親にしかみえないのは、筆者のひが目だろうか。

豪姫の狐憑き

秀吉の変わった行状といえば、かわいがっていた養女の豪姫《ごうひめ》の狐《きつね》憑《つ》きの一件がある。豪姫は前田利家《まえだとしいえ》とおまつ（芳春院《ほうしゅんいん》）の四女で、秀吉とねね（北政所《きたのまんどころ》）の養女となった。長じて、宇喜多《うきた》秀家《ひでいえ》の正室になったことはよく知られている。秀吉は豪姫をことのほかかわいがり、「男であれば、関白にしたかった」と、ねねにもらしていたほどである（『太閤書信』九八）。

豪姫は夫の秀家と仲睦まじかったのか、少なくとも六人の子どもを産んだ。しかし、虚弱体質のため産褥《さんじょく》で苦しむことが多かった。二回目の出産のときからその徴候があったが、文禄四年（一五九五）の第五子出産のときは、公家で吉田社《よしだしゃ》の神主でもある吉田兼見《かねみ》に安産の祈禱を依頼しているほどである（『兼見卿記五』九月二十一日条）。

この産褥のときに、豪姫は「狐憑き」になったという。具体的にどういう症状なのか不明だが、一般には狐の霊が取り憑いた異常な精神状態だとされる。一種の躁鬱《そううつ》に陥ったものだろうか。それで、狐といえば稲荷大明神《いなりだいみょうじん》である。豪姫の狐憑きに怒った秀吉が稲荷大明神に宛てた有名な朱印状がある（『太閤書信』一二九）。

備前中納言（秀家）の女（豪姫）について、障《さわ》りものの気相がみえる。これは狐の所為に違いない。なぜそのように憑《つ》くのか。不届きなことだと思うが、今回は許してやろう。もし今後わしの命令に背き、いい加減な振る舞いかあれば、日本中の狐をみな狩ることを命じる。速やかに立ち退け。

秀吉はどこにいるかみえない稲荷大明神を折檻《せっかん》したのだからおもしろい。天下人は「神」さえも罰することができると示したものか。この朱印状は偽文書ではないかといわれていたが、奉行の石田三成《いしだみつなり》と増田長盛《ましたながもり》による同趣旨の連署状（副状《そえじょう》）が伏見稲荷社（京都市伏見区）の社家に伝来していたことから、朱印状も本物であることが判明した。

浅野長吉、苦肉の一計

　このように、秀吉と動物たちのかかわりは痛快かつユニークな事例が多い。では、猫についてはどうなのだろうか。秀吉と猫といえば、一つだけだが有名な逸話がある。秀吉の猫が行方不明になり、捜索を命じられた奉行の浅野長吉（のち長政）が身代わりの猫を仕立てるという話である。有名な逸話のわりに出典は何なのかよくわからない。長吉の書状があるのかと探してみたが、原文書は見当たらなかった。そのなかで、もっとも確実と思われるのは戦前の著名な研究者である渡辺世祐《よすけ》氏の『豊太閤の私的生活』（一九三九年刊）に収録されたものだろう（堀新氏よりご教示）。そのなかに長吉書状を現代語訳したと思われる個所がある。

　事件が起きたのは文禄二年（一五九三）十月頃で、大坂城中で秀吉がことのほか気に入っていた猫がいなくなった。秀吉は奉行の長吉に捜索を命じた。長吉は城中を探しまわったが見つからない。途方に暮れた長吉は苦しまぎれの一計を案じた。伏見城《ふしみ》（京都市伏見区）の普請に従事している秀吉馬廻《うままわり》の野々口五兵衛《ののぐちごへえ》に書状（十月十九日付）を送ったのである。

　太閤が近日桃山（伏見城）に見廻《みまい》に参られるということだから、普請などは油断なく申し付けられたい。そして大坂城内に在った太閤寵愛の猫が行方不明になって、長吉方へ捜索を頼まれたが、なかなかありかが知れない。然るに伏見のそこ許《もと》に黒猫が一匹と、虎毛の猫が二匹いたということを承った。そこで、虎毛の猫のうち、美しいほうを一つ借用してしばらく間に合わせたい。やがて当方でも力を尽くして、以前の猫を尋ね出してお返ししたい。

太閤寵愛とあることから、秀吉のお気に入りの猫だったのだろう。身代わりが虎毛の猫だから、秀吉の猫もそうだったのだろう。秀吉が猫好きだったというのは寡聞にして知らない。著者の渡辺氏も秀吉が猫好きだという史料はこれしかないだろうと書いている。右で見た虎や狐の話と異なり、ほほえましい話である。

五兵衛は秀吉の馬廻であり、これに先立つ天正十五年（一五八七）十月、丹波桑田郡《くわたぐん》などの杣夫《そまふ》使役を秀吉から命じられている（『戦国人名辞典』）。おそらく聚楽第造営のための材木調達だろう。彼は秀吉のあいつぐ巨大城郭造営をはじめとした大規模な土木事業の最前線で働く中級吏僚だった。そして偶然ながら、先に見た公家の西洞院時慶とも交流があった。

浅野長政（長吉）画像　東京大学史料編纂所蔵模写

『時慶記一』天正十九年（一五九一）四月一日、時慶が所司代前田玄以の邸宅を訪れたとき、酒宴となった。そこに作事奉行の野々口五兵衛と御牧《みまき》勘兵衛《かんべえ》が同席していたから、親しい間柄だったのだろう。さらに翌日、五兵衛からの使者が時慶宅を訪れたので、時慶が返信を持たせている。さらに四日、五日と連日、五兵衛と玄以邸や自宅で会っている。時慶が書いているように、五兵衛は伏見城造営の作事奉行として働いており、折を見ては上京して公家衆と付き合いをしていたことがわかる。

騒動の顛末は？

さて、愛猫が行方不明になった頃、秀吉はどんな状況にあったのか。天正十九年（一五九一）十二月に甥の秀次《ひでつぐ》に関白を譲り、翌年の文禄元年（一五九二）から伏見に隠居屋敷を造営し始めた。これがのちの伏見城（指月《しげつ》城）へと拡張されることになる。翌二年八月、淀殿《よどどの》がお拾（のちの秀頼）を産んでいる。長吉書状が書かれたのはその二か月後の十月十九日だった。秀吉はお拾い誕生によって、鶴松《つるまつ》夭逝の失意から立ち直っていた時期である。

ただ、長吉書状が書かれたとされる前後、秀吉は大坂城にはいないようである。閏《うるう》九月二十日から十月十七日まで伏見や京都に滞在し、長吉書状が書かれたとされる十九日には大津に出かけていた。つまり、長吉が秀吉の猫を懸命に探していた頃、秀吉は大坂城にいないわけだから、秀吉は京都か伏見にいるとき、誰か（奥の女性たちか）から愛猫の行方不明を伝えられたのだろう。

一方、長吉はどこにいたかというと、八月か九月に朝鮮半島から帰国し、閏九月九日、大坂に帰着している。十月二日から五日は京都におり、十一日は大坂、十四日は再び京都に戻っている。その後、二十日までは京都にいることから、例の書状を書いたのは京都ということになる。この大坂下向のとき、行方不明の猫を探していたのかもしれない。そして二十三日から二十六日まで伏見に出かけている。野々口五兵衛から虎毛の猫を借り受けたのはこのときではないだろうか（以上、藤井譲治編二〇一六）。

さて、五兵衛は長吉に自分の虎毛の猫を貸し出したのか、また長吉のごまかしは秀吉にばれなかったのか気になるが、その後のことは不明である。長吉が秀吉に罰せられていないことだけは確かではある。

Column

③ 今戸神社の招き猫

隅田川《すみだがわ》べりで浅草寺《せんそうじ》の近くに今戸神社《いまどじんじゃ》（東京都台東区）がある。境内は招き猫だらけである。もともと、祭神がイザナギノミコト、イザナミノミコトであることから、縁結びの神社としても知られていた。そのため、招き猫もオス・メスのペアになっていたりする。招き猫と縁結びの相乗効果により参拝者が多い。

では、同社の招き猫の由緒はどのようなものだろうか。『増訂武江年表《ぶこうねんぴょう》』にある逸話がそのもとだと思われる。

嘉永五年（一八五二）、浅草の花川戸《はなかわど》の辺に老婆が住んでいた。猫を飼ってかわいがっていたが、年老いて仕事もままならず、生活の糧にも事欠くありさまだった。そのため、知り合いの家に寄宿して余生を送ろうとした。居候ゆえ、泣く泣く飼い猫を手放すしかない。いよいよ飼い猫と別れようとする夜、夢に飼い猫が現れて告げた。

我の形を造らせて祀れば、福徳は思いのままである

夢から覚めた老婆は、飼い猫のお告げのとおりにしたところ、生業を得て繁盛し、元の家に住めるようになった。他人がその噂を聞いて、次第にこの猫の造りものを借りて祀ればよいと

言いふらしたところ、世間で流行るようになり、いつの間にか、今戸焼と称する泥塑《でいそ》の猫を造って、これを貸すようになった。借りた人は今戸焼を安置する布団をつくり、供物をそなえ、神仏のように崇拝して心願成就すると、金銀などを添えて返却するという具合である。その店は浅草寺三社権現の鳥居のそばにあった。この猫の塑像を求める人が我も我もと押しかけるようになった。だが、四、五年たつと、いつの間にかすたれてしまったという。

今戸神社の招き猫もこの今戸焼の逸話と何らかのつながりがあるのだろう。なお、本章コラム②で紹介した豪徳寺の招き猫も最初は今戸焼を用いていたという。

今戸神社の招き猫（上）と今戸焼発祥之地碑・
沖田総司終焉地碑（下）　東京都台東区

4. 朝鮮出兵にお供した猫
——島津氏と「猫神」の由緒

狐を代々崇敬してきた島津氏には、猫との深いかかわりもあった。主人に殉死した忠義の猫を神として祀り、さらにブリーダーという一面も。

島津氏別邸にある祠

九州の雄・島津氏にもっとも愛されていた動物は狐である。島津氏の祖・忠久《ただひさ》は源頼朝の落胤《らくいん》だという伝説がある。生母丹後局《たんごのつぼね》（比企《ひき》氏）が頼朝の子を身ごもったため、嫉妬した北条政子に圧迫されて西へ逃げた。そして、大坂の住吉社《すみよししゃ》境内で産気づき、雨の中、石の上で出産するとき、どこからともなく狐が現れてほのかな灯りを照らしてくれたので無事出産できた。そして生まれたのが忠久だったという（『寛永諸家系図伝』第二）。

この忠久誕生の伝説もあって、島津氏は狐を稲荷大明神の使いとして崇敬してきた。戦国争乱の時代でも、狐火が道案内をしてくれたので、島津勢が合戦に勝利を収めたといった逸話が少なくない。西郷隆盛《さいごうたかもり》も戊辰戦争での宇都宮の戦いや白川《しらかわ》城の攻防で白狐が現れたので勝利したと大久保利通《おおくぼとしみち》らへの手紙に書いているほどである。

一方、猫についての興味深い逸話も残っている。まず、島津義弘《よしひろ》（一五三五～一六一九）のエピソードを見ていこう。

鹿児島市に島津氏の別邸だった仙巌園《せんがんえん》（磯《いそ》庭園）がある。江戸時代初期、薩摩藩二代藩主の島津光《みつ》久《ひさ》が造営した広大な庭園があり、桜島と錦江湾を借景にした景観が美しい。近年、明治日本の産業革命遺産（九州・山口と関連地域）として世界文化遺産にも登録された集成館《しゅうせいかん》事業のエリアに含まれている。

猫神と呼ばれている祠（上）と仙巌園・猫神神社の絵馬　鹿児島市

その一角に「猫神」と呼ばれる祠がある。最近の猫ブームもあって参拝客も多い。この「猫神」の由緒がおもしろい。「猫神」の案内板には、戦国武将の島津義弘が朝鮮出兵の際、猫の瞳孔の開き具合によって時間を知るために同行したので、

「時の神様」と呼ばれたとある。もっとも、「猫神」の由緒を確たる史料で探るのは難しい。田中貴子『猫の古典文学誌』で紹介された史料やそのほかに把握できた史料から明らかにしてみたい。

まず比較的古い史料である『薩藩旧伝集』巻二にわずかな記事がある。

> 一、護摩所の猫神は惟新公（義弘）の朝鮮ご渡海にお供して、ご帰朝のときまでお供した。これを崇めて猫神という。

文禄元年（一五九二）から始まる朝鮮出兵で、義弘の朝鮮渡海に同行し、一緒に帰国したということだけはわかるが、どのような種類の猫が何匹同行したのか、朝鮮での様子はどうだったのか、実際に時間を知ることができたのかという肝心の情報は残念ながらわからない。なお、護摩所は後述するように、当時は鹿児島城（雅称：鶴丸《つるまる》城、鹿児島市城山町）内にあったと思われる。

「猫神」在所の変遷

「猫神」の安置場所は幾度か変遷したと思われる。錦江湾の最奥部に富隈《とみのくま》城跡（鹿児島県霧島市隼人町）がある。文禄四年（一五九五）、島津氏の太守で義弘の兄だった島津義久《よしひさ》（一五三三〜一六一一）が隠居城として築いたものである。四方を低い石垣で囲ってあるものの、城郭というよりも屋形跡といったほうがいい。

江戸時代中期の元禄十年（一六九七）二月、近くの重蓮寺《じゅうれんじ》の堯契《ぎょうけい》という僧侶が調べたところによ

薩摩義士碑　鹿児島市　写真協力：公益社団法人鹿児島県観光連盟

れば、城中に一字の稲荷大明神が建立されており、そのなかに「猫神」があったという。「右、中納言様御建立」とあることから、義弘の三男で薩摩藩初代藩主の島津家久《いえひさ》（忠恒《ただつね》）（一五七六〜一六三八、権中納言）が建立したことがわかる（「六寺社調」）。また、それとは別だと思われるが、富隈城より海岸べりの住吉浜村にも「猫神」があったとあるが、「猫神」との関係は定かではない（右同書）。

江戸時代初期には富隈にあった「猫神」が、次に島津氏の居城である鹿児島城に移転されたようである。『磯乃名所旧蹟』という本に仙巌園の解説記事がある。「猫神」が立項されていて、仙巌園に鎮座する以前、「元は城北護摩所にあったのを廃藩置県の頃、この地（仙巌園）に遷座された。天明六年（一七八六）十二月に島津筑後《ちくご》（都城島津家当主）が寄進した手水鉢《ちょうずばち》も同時に移転したものだという」と書かれている（井上一九三二）。

城北とは鹿児島城の北側ということである。現在、鹿児島城跡の城山登り口側に宝暦治水で亡くなった薩摩藩士たちを供養する薩摩義士塚がある。その背後に護摩所跡が残っているものの、建物などはなく、当時を偲ぶよすがほとんどないのが残念である。なお、島津筑後が寄進した手水鉢も「猫神」の近くに現存している。そして、同書は猫神の由来を次のように記している。

当神（猫神）は文禄の役のとき、義弘公が朝鮮国にご渡海からご帰朝まで引き続きお供した猫を崇祀されたもので、護摩所の猫神と称して有名だったという。百日咳を病んでいる者が平癒を祈願すれば霊験があった。

こうしてみると、「猫神」は富隈城→鹿児島城護摩所→仙巌園と移転したことがわかる。また「猫神」を建立したのは、やはり義弘三男の家久だった可能性が高い。家久自身も朝鮮に出陣しており、猫が同行していたことを知っていたはずである。「猫神」にお参りすれば百日咳が治るという効験があるというのも興味深い。「時の神様」は「疾病平癒の神様」を兼ねていたわけである。

「ヤス」の殉死

それでも、まだ「猫神」の由緒がよくわからない。それが語られるのはずっと後世で、戦後の記録に書かれている。大正期から昭和期の当主・島津忠重《ただしげ》（一八八六〜一九六八）の著書『炉辺南国記』（一九五七年刊）に興味深い記事がある。それによると、義弘は朝鮮に七匹の猫を携行して、各部隊に配属させた。時刻を知るには猫の眼の動きを見たという。猫の眼は光の加減によって瞳孔が開閉するので、それによっておおよその時刻がわかったということだろうか。これで、海を渡った猫の数や同行した目的がわかる。さらに猫たちのその後が述べられている。「猫神」の案内板の出典はおそらくこれだろう。

> そして七匹のうち五匹までは戦地で死んだが、二匹だけは帰った。この猫は黄白二色の波紋で、義弘の次子久保《ひさやす》に愛せられ、この猫をヤスと命名していた。久保は出征中二十一歳の若さで病死したが、その後この種の毛並の猫を郷土ではヤスと呼ぶようになったという。そして例年六月十日の時の記念日には、時計業者などが猫神さまに参詣するようになったとのことである。

七匹の猫のうち、帰国できたのは二匹だけだったという。そして久保がかわいがっていた猫は「ヤス」と呼ぶようになったというが、現在でも、鹿児島ではその種の毛並みの猫（茶トラ）を「ヤス」とか「ヤス猫」と呼んでいるから、単なる伝承だと切り捨てられないかもしれない。

「大日本名家揃」に描かれた島津義弘　国立国会図書館蔵

なお、異国の地で病没した久保と猫については異説もある。右で見た富隈城跡にある稲荷大明神の祭神として「猫神」が祀られていたことが『国分の古蹟』に書かれている（守屋ほか一九〇三）。

それによれば、富隈城造営以前に村社の稲荷神社があった。文禄四年（一五九五）、島津義久が富隈に移ってきたとき、社殿を再興したという。祭神が宇加魂命《うかのみたまのみこと》と「猫神」だった。「猫神」についても、興味深い由緒が書かれている。

猫神は島津又市郎久保公がつねにこの猫を寵愛し、朝鮮出兵のときに召し連れられたが、文禄二年、久保公が逝去されたとき、この猫は久保公を慕い餓死したのを、弟の家久公が帰朝のあとに指示され、寛永十三年（一六三六）に猫神と崇敬されて建立された。

久保に愛された猫は久保が亡くなると絶食して餓死したというのだから、まさに「殉死」である。ただ、「ヤス」は朝鮮で「殉死」したはずだが、生きて帰還したという説と矛盾している。さすがに脚色だろうが、朝鮮に渡海した猫たちへの人間の情愛が感じられる逸話になっている。

親指武蔵・新納忠元の落書

島津氏にはまだ猫の逸話がある。島津家の重臣に新納武蔵守忠元《にいろむさしのかみただもと》（一五二六～一六一〇）という武将がいたことはよく知られている。家中で天下に聞こえた勇将を指折るとき、最初に指を折られることから、薩摩の「親指武蔵」という異名でも知られた（「新納忠元勲功記」）。豊臣秀吉が南九州に攻めてきたときも、居城の大口城《おおくち》（鹿児島県伊佐市）に籠もって最後まで抵抗した。

それほどの武辺者でありながら、忠元は歌詠みとしても知られる風流人だった。秀吉に抗して籠城していた忠元は主君島津義久の命令で仕方なく下城し、秀吉と対面した。そのとき秀吉（一説では細《ほそ》川幽斎《かわゆうさい》）と軽妙な和歌を応答したことでも知られる（右同書）。

　忠元がまだ若かった永禄十一年（一五六八）二月、島津氏が当時まだ菱刈《ひしかり》氏の城だった大口城を攻めていたとき、忠元は前線の市山《いちやま》城（伊佐市）の城代を命じられた。そこへ老中の島津忠長《ただたけ》と肝付兼《きもつきかね》寛《ひろ》が大口城攻めの相談にやってきた。忠元は相談が終わって帰る二人を途中まで護衛した。敵の伏兵が現れるかもしれないという心配と、二人が敵城を物見したいと申し出たためである。

新納忠元を御祭神とする忠元神社　鹿児島県伊佐市

　そして小苗代《おなわしろ》という所まで二人を送って別れた。忠元は近くの薬師堂に立ち寄り、徒然《つれづれ》にその壁板に「牡丹花睡猫心在飛蝶」という一節を落書していた。そこへ敵が不意に現れた。駆けつけた家来の久保行重《くぼゆきしげ》が忠元に「早々お覚悟なされませ」と告げたが、右の一節だけでなく年月日まで書き終えるつもりだったので、忠元はあわてず心静かに書き終えた。それから、おもむろに刀を抜き、向かってくる敵をなぎ倒した。戦いが終わってみると、忠元は五人を討ち取り、自身も六か所の傷を負っていたという（右同書）。

　忠元が書きつけた一節はよく知られている。『禅林法語《ぜんりんほうご》』などによると、正確には「牡丹花下睡猫児、心在舞蝶」である。牡丹の花の下でまどろむ猫はあでやかな牡丹の花を愛でているのではなく、ほんとうは花に寄ってくる蝶を狙っているという意味である。忠元がなぜこの一節を思いついて落書しようとしたのかよくわからないが、牡丹には冬牡丹や春牡丹があることから、この時期にちょうど春牡丹が咲いているのを見かけたのがきっかけだったかもしれない。

忠元の即興が思わぬ一戦を招いてしまったわけだが、さすがに「親指武蔵」というだけあり、見事に危機を切り抜けたのである。

猫を熱望する近衛前久

島津家は摂関家筆頭の近衛家と親しい間柄だった。もともと、島津名字は近衛家の荘園島津荘に発している。そのため、島津家は名目上、近衛家を主筋と仰ぎ、御家門《ごかもん》と呼んでいた。

公家社会が衰退した戦国時代においても、その関係はさほど変わらなかった。島津家の要人が上京すると、必ず近衛家を訪問して贈り物をし、ときには和歌や連歌などの芸事の指南を受けたりした。とくに島津義久や重臣の樺山玄佐《かばやまげんさ》（善久《よしひさ》）などは古今伝授を受けている。また前《さきの》関白の近衛前《さき》久《ひさ》（一五三六～一六一二）は天正四年（一五七六）に薩摩に下向し、長期間にわたり島津氏領内に滞在しているほどである。

その前久に島津義久・義弘兄弟が猫をプレゼントしていることはほとんど知られていないだろう。

まず義久である。慶長六年（一六〇一）頃と思われるが、前久の側近に書状（十二月二十三日付）を送っている。「猫のことは承りました。今度六匹差し上げましょう」とある（『旧記雑録後編三』一五九四号）。どうやら前久のほうから所望したようである。

次に義弘である。これは前久からの書状だが、猫への執着を書いていておもしろい。長文のまま紹介する。ただ、日付は不明である（『旧記雑録付録二』）。

あとから猫が届きました。本望の至りです。年来待った甲斐がありました。ことさら美しく見事です。一段と満足しています。しかし、拙者へいただいた猫を無理に取られてしまいました。どうしようもありません。あきらめがつかないことを申しますが、あと二匹下さるとの約束だったので、なんとかそのようにしていただけないでしょうか。

前久は義弘から贈られた猫を誰かに取られたみたいである。その人物は追伸部分を読むとわかる。

一匹ながら新造方（前久夫人）に取られました。私へはくれません。近頃、興ざめとはこのことです。妙な頼み事ですが、もう一匹拙者へ心付けをしていただけると本望の至りです。拙者の娘も（猫がほしいと）懇望していますが、その分は不要です。まず拙者が一匹所望したいと思います。念のため申しますが、ゆめゆめ他人に与えるわけではありません。ご一笑のほど。娘には一年前、龍伯《りゅうはく》（義久の出家名）から二、三匹もらいました。その猫たちも元気なものや死んだものもおり

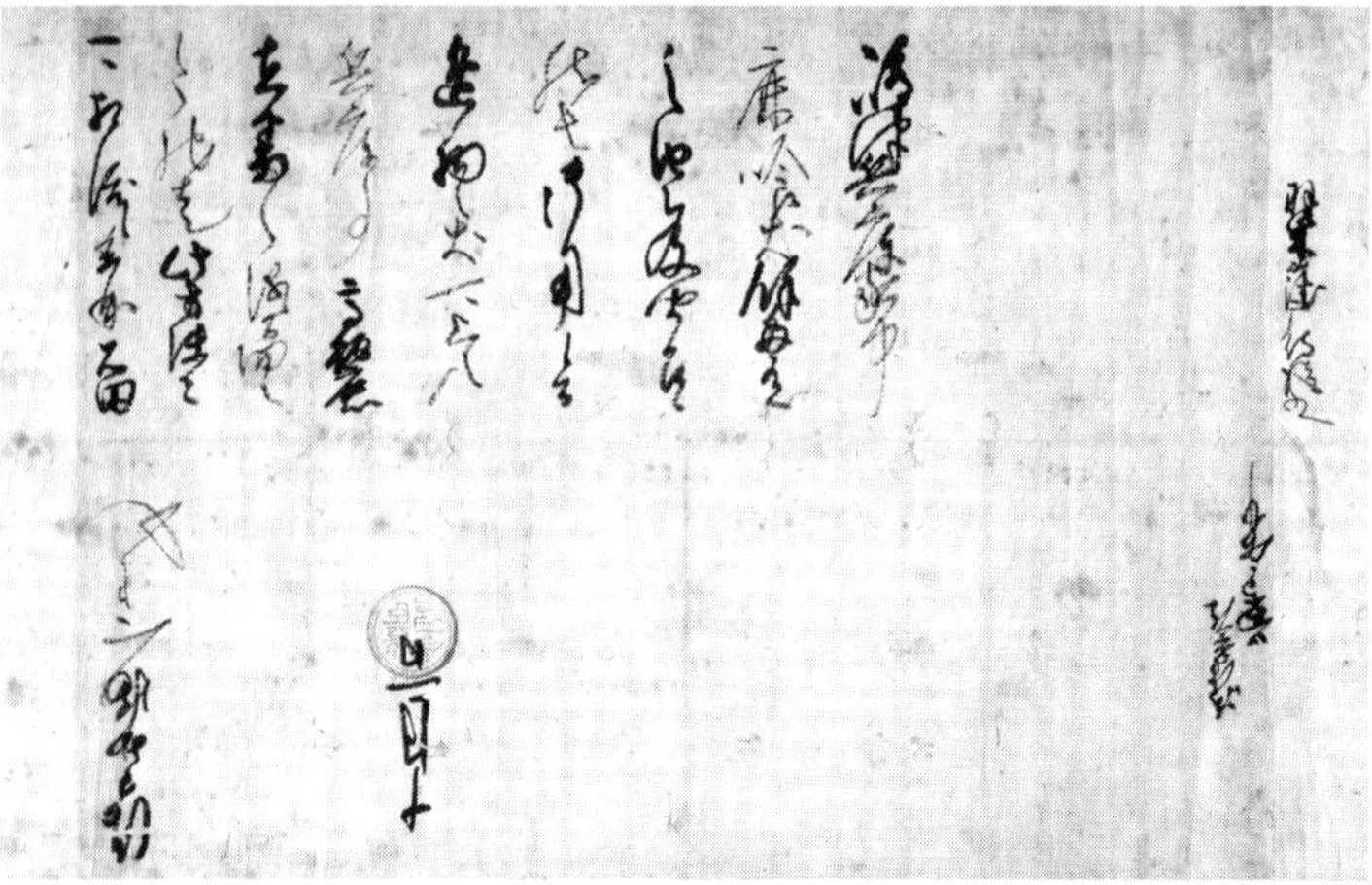

豊臣秀次朱印状　鹿喰犬を献上するよう命じている　島津家文書　東京大学史料編纂所蔵

ます。そのことはおかまいなく。拙者だけに一匹を大望しています。拙者には三匹下さるお約束でしたが、あと一匹で我慢しますので、何とぞ心にかけてください。そうなれば、その猫は籠に入れたいと思います。お待ち申しています。

　前関白という上級貴族とは思えないほど、猫への入れ込みようを率直に語っている。また、前久が義弘からもらった猫を取り上げたのは夫人だったこともわかる。そのため、前久はもう一匹欲しいと所望しているが、他人や娘にあげるのではないと釈明している。まるで子どものたわいない言い訳のようである。でも、ここまで言い訳されたら、義弘も前久の娘のために余分に贈らないといけないかなと思ったのではないか。ちなみに、娘には一年前に義久から二、三匹贈られているとあるが、これは先の義久書状にある六匹のうちの猫ではないだろうか。

こうしてみると、島津家は贈答用の猫を相当数飼っていたことがわかる。じつは同家は犬も多数飼育していたようである。文禄三年（一五九四）頃、関白豊臣秀次が義弘に対して、「鹿喰《しかくい》犬を多数飼育していると聞いている。そのうちから逸物の犬を献上しなさい」と命じている（『島津家文書一』四一二号）。「鹿喰犬」とはどういう種類の犬か不明だが、名前から想像するに、猟犬の一種だろうか。

時代は下るが、幕末期の島津家も狆《ちん》を多数飼育して、幕府や有力大名に贈答している。

南九州を領し、琉球を支配する島津家の地理的な立地から考えて、琉球や明清両国、あるいは南蛮《なんばん》（東南アジア）から外来産の犬猫を輸入し、それを繁殖させていた可能性がある。島津家にはブリーダーという一面もあったのではないだろうか。

前久一家があれほど欲しがるところをみると、義弘が贈った猫も外国産の珍しい猫だったかもしれない。

Column

④戦国大名たちの余生と猫たち

細川忠興、唐猫を所望する

肥後細川家の猫といえば、菱田春草《ひしだしゅんそう》が描いて重要文化財に指定された「黒き猫」があまりにも有名である。以前、東京国立博物館の展示で本物を鑑賞した。柏の幹の根元近くに座って、じっとこちらを見つめている眼に思わず吸い込まれそうになった。

この「黒き猫」は明治末の作品だが、細川家でも猫を愛する殿様がいた。それは信長・秀吉・家康の時代を生き抜いて、肥後細川家の基礎を築いた細川忠興《ただおき》（一五六三～一六四五）である。

忠興は関ヶ原の戦いで家康に味方したことから、丹後宮津《みやづ》一二万石から豊前一国と豊後二郡合わせて三九万九〇〇〇石の大大名となった。元和四年（一六一九）頃、還暦を前にして忠興は病気がちになり、同六年に家督を嗣子忠利《ただとし》に譲って隠居し、三斎宗立《さんさいそうりつ》と号した。

じつは三斎こと忠興はその後、体調が回復したのか、忠利の死後も健在で八十三歳の長寿を保った。隠居生活は二十五年以上に及ぶ。隠居といっても、若き藩主忠利との情報交換を絶やさず、幕府や諸大名との付き合い方なども指南しており、藩政にも関わりつづけたから、けっして楽隠居というわけではなかった。

そんな忠興の忙しい余生を慰めてくれたのが猫だったと思われる。忠興が豊前中津《なかつ》（大分県中津市）の隠居城にいたときのこと。元和九年（一六二三）十一月二十三日、忠興は藩主忠利に唐猫を所望した（『大日本史料 細川家史料二』三九五号）。

中津城跡　大分県中津市

そちらの町（豊前小倉《こくら》城下）から唐猫を所望したい。探してもらって頂戴できれば有難い。

すると、忠利はすぐさま動いた。翌二十四日、家来の続重友に書状を送った（右同書九、一四〇号）。

唐猫御用について、（三斎から）御書をいただき、拝見した。今日中に探し出して進上するように。このことをしかるべく処理して知らせてほしい。
（追伸）おそらく猫はいると思うので、毛の美しいのを今日中に選んでほしい。

忠利は父の願いにすぐさま対応している。忠興のいる中津と忠利のいる小倉は五〇キロは離れている。忠興も急いでいて早馬で知らせたのだろう。忠利も翌日中には家来に唐猫を探して献上するように命じていることがわかる。その後のことは不明だが、おそらく忠興は念願の唐猫を手に入れたのではないか。

話はそれだけで終わらなかった。それから三年後の寛永三年（一六二六）にまた同じパターンが繰り返された。十一月十日、忠興から忠利に書状が送られた（右同書二、五〇四号）。

> 毛の美しい唐猫のこと、頼母《たのも》（家老の有吉《ありよし》立道《たつみち》）に申し含めておいた。そちらで入手したのを（譲ってくれるよう）頼みたい。

三年前にも唐猫を手に入れたはずなのに、その猫が亡くなったのか、あるいはもっと欲しくなったのかはわからない。すると翌日、忠利はまたすばやく動いた。家来の長舟十右衛門《ながふねじゅうえもん》に書状を送った（右同書九、二一一六）。

> 唐猫のことを（忠興が）仰せ越された。昨日（十一日）の一日間で（唐猫を）品定めしたところ、毛のよいのが七匹献上された。このうちから何匹か（忠興の所に）贈ってほしい。

忠利のこの書状にあるように、藩の公用日記（十一月十一日付）にも「美しい唐猫の御用があったので、当町（小倉城下）で所持している者がいたら、差し出させるように」という藩命が下っていることが確認できる（『福岡県史』近世史料編10　細川小倉藩）。

忠興は唐猫七匹を翌十二日に受け取っている。そのうち二匹を自分のものとした。残りはどうしたかといえば、「常真《じょうしん》へ進《まい》らすべしと満足申し候事」とある。常真とは信長次男の織田信雄《のぶかつ》のことである。古くから茶湯や連歌を通した友人だった。

ご隠居大名の趣味や交友を満足させるために息子の忠利や家来たちはてんてこ舞いだった。

それにしても、忠利の下命があってから、わずか一日で唐猫七匹が集められたというのは驚きである。当時、唐猫は舶来の稀少種である。それにもかかわらず、短期間に多数集められるのは、やはり小倉という立地条件に恵まれていたと思われる。小倉は長崎や薩摩・琉球との中継港だったことが大きいのではないだろうか。

この二件とも、忠興が毛の美しい唐猫を欲しがり、息子の忠利が急ぎ対応して用立てていることがわかる。忠興の気ままさ、忠利の父への律儀ぶりがうかがえると同時に、それに巻き込まれる家来や町人たちの姿が目に浮かぶようである。

伊達政宗、「男ぶり」の猫にメロメロ

「奥州王」の異名をとった伊達政宗（一五六七〜一六三六）にも猫の逸話がある。細川忠興が唐猫を欲しがったのと同じ時期、元和八、九年（一六二二、二三）頃のこと。

幕臣で伊達家との取次をつとめた野々村四郎《ののむらしろう》右衛門《えもん》が政宗に猫を贈った。政宗がその礼状を出している（『仙台市史』資料編12　伊達政宗文書3、二九三七号）。

猫のこと、お忘れにならずにお贈りいただきました。まずその男ぶりがなんとまあ、見事です。家来から夜前に自分より大きい鼠を組み討ちに仕留めたと聞きました。いよいよ秘蔵したいものです。首輪もオシャレで一段と華やかです。

政宗のほうから野々村に所望した猫だとわかる。どんな種類の猫だったかは不明だが、大きな鼠も臆せずに狩る猛々しい雄猫だったことがわかる。「組み討ちに仕留めた」という擬人的な比喩は、政宗がまだ戦国の気風を濃厚に残していることを感じさせる。

送り主の野々村もまたおもしろい逸話の持ち主である。関ヶ原決戦で、徳川家康が本陣を前に進めようとしたとき、近臣の野々村がまだ戦場経験がさほどなかったのか、逸《はや》って馬を家康の馬にぶつけてしまった。怒った家康は刀を抜いて切り払ったので、驚いた野々村はその場から走り去ってしまった。粗忽《そこつ》な振る舞いをした野々村だが、その後、罰せられなかったという（板坂卜斎《いたさかぼくさい》『慶長記』）。そのおかげで、野々村は政宗の取次をつとめられたのである。

政宗といえば、筆まめで数千通の自筆書状を残しており、その多くに鶺鴒《せきれい》の花押を書いたことでも有名である。鶺鴒は長い尾を上下に振る習性があり、別名イシタタキとも呼ばれる小型のかわいらしい鳥である。

数ある政宗の自筆書状のうち、猫に触れたのはこの一通だけといわれるから、たいへん貴重である。

5. 南蛮渡来の虎の子とジャコウ ——大友宗麟への贈り物

ポルトガルから豊後・大友氏に、虎の子四匹が贈られた。同じ船でもたらされた珍物のなかに、大象・孔雀《くじゃく》・鸚鵡《おうむ》と並んで「麝香《じゃこう》」の名が……。

島津家久が目撃した唐舟の積み荷

我が国には猫はいたが、同じネコ科の虎は棲息していなかった。それでも、猛々しい虎への関心や憧憬は尽きず、古くは『万葉集《まんようしゅう》』でも境部王《さかいべのおおきみ》によって詠まれている。また絵師たちの描画意欲も刺激し、多くの有名画家たちの画題にもなり、各種の虎図が描かれている。

たとえば、平安時代前期の私撰集『古今和歌六帖《こきんわかろくじょう》』には「浅茅生《あさじう》の小野の篠原いかなれば手飼の虎の伏所《ふせ》なる」という一首があり、猫を「手飼の虎」という秀逸なたとえで表現している。また、江戸時代後期の随筆家山崎美成《やまざきよししげ》『海録《かいろく》』（巻十八）にも「虎を山猫と云事　虎と猫とは剛柔遙かに異りといえども、その形状の相顕する事、古人多く引きて喩《たと》えとせり」と記したほどで、虎は山猫にたとえられることが多かった。

絵画の世界でもそうである。円山応挙《まるやまおうきょ》の有名な「真向いの虎」は虎の瞳孔が縦に長い針状に描かれている。実物の虎のそれは丸いが、実物を見たことがない江戸人は、光が当たると針状に収縮する猫の瞳孔をそのまま虎のそれとして描いたのである。浮世絵《うきよえ》の葛飾北斎《かつしかほくさい》、歌川国芳らも同様である。もっとも、司馬江漢《しばこうかん》や狩野《かのう》派の狩野探幽《たんゆう》、明治期の狩野芳崖《ほうがい》などは丸い瞳孔で描いているという（平岩一九八五）。

戦国時代、我が国に生きた虎が輸入されたことがある。非常に珍しい出来事だといえよう。その主は誰なのか。

天正三年（一五七五）、薩摩の島津四兄弟の末弟、中務大輔《なかつかさのだいぶ》家久《いえひさ》（一五四七～八七）が上京している。そして詳細な上京日記をつけた（村井二〇〇六）。上京した家久は洛中を行軍する織田勢を見学していたとき、馬上で居眠りする信長の姿を目撃したり、明智光秀に招かれて坂本《さかもと》城（大津市）の茶会に加わったりしていることはよく知られている。

京都近辺や伊勢神宮《いせじんぐう》などの名所旧跡を思う存分見学した家久はその帰路、肥前平戸《ひらど》（長崎県平戸市）に立ち寄った。当時、平戸は松浦隆信《まつらたかのぶ》が領主だった。そこに「唐舟」が寄航していた。家久は日記七月十三日条に次のように書いている。

　唐舟に乗り見物した。南蛮から豊後殿へ進物として虎の子四匹がいた。珍しいので見物した。

「唐舟」は中国船だろう。その船に南蛮（ポルトガル）から「豊後殿」、すなわち大友宗麟《おおともそうりん》への贈り物として、虎の子四匹が乗せられていたというのである。家久も名前だけは知っていただろうが、初めて見る虎に興奮したのではないだろうか。

もっとも、ポルトガルからの贈り物がなぜ中国船に乗せられているのか。これには事情があった。フランシスコ・ザビエルが天文十八年（一五四九）に訪れて以来、平戸にはポルトガル船が来航するようになった。隆信は南蛮貿易が盛んになるとして寄航を歓待し、イエズス会の布教も許可した。ところが、キリシタンたちが仏教徒と衝突し、仏像などを破壊するようになったため、隆信はイエズス会の激しい布教活動に警戒心を抱き、永禄元年（一五五八）、イエズス会の責任者ガスパル・ヴィレラを追放した。さらに同四年、貿易をめぐるいざこざから隆信の家来がポルトガル人十数名を殺害するという事件が起きた（「宮の前騒動」という）。

そのため、イエズス会日本布教長のトルレスは平戸へのポルトガル船寄航を取り止めて、隣の大村《おおむら》純忠《すみただ》領にある横瀬浦《よこせうら》（長崎県西海市）に回航させた。これを機に純忠はイエズス会と親交を深め、初のキリシタン大名となった。こうした事情で平戸には中国船しか寄航しなくなったのである。

「麝香」はジャコウネコか？

では、宗麟に贈られた四匹の虎の子はその後どうなったのだろうか。大友氏の興亡史である「大友興廃記」巻第十三に次のように書かれている。

臼杵城跡　大分県臼杵市

永禄年中に、唐船が幾度も来た。去る天正三年の夏、臼杵《うすき》の浦に着いた。このとき、ひとしお種々の珍物が贈られた。猛虎四つを添えられ、また大象一つを加え、そのほか、孔雀、鸚鵡《おうむ》、麝香《じゃこう》などを添えられていた。（後略）

当時、臼杵（丹生島《にうじま》城。大分県臼杵市）は宗麟の隠居城になっていた。ここに書かれた「猛虎四つ」が年代と数が一致することから、家久が平戸で見た虎の子四匹のことだろう。それだけでなく、象をはじめ珍しい動物も贈られたことがわかる。注目されるのは「麝香」である。ジャコウネコ、ジャコウジカ、ジャコウウシのうちどれかだろうが、ジャコウネコの可能性が高いだろう。ジャコウネコは台湾や中国南部をはじめ、南アジア一帯に棲息しており、中国や東南アジアの貿易圏と重なっている。

翌四年（一五七六）夏には肥後高瀬《たかせ》（熊本県玉名市）に南蛮船が寄航し、宗麟が依頼した石火矢《いしびや》が届いた。五年になって、宗麟はこの石火矢を、修羅《しゅら》を使って臼杵まで運ばせている。宗麟はたいそう喜び、石火矢に「国崩《くにくずし》」と命名した（「大友興廃記」巻第十三、福川一徳・一九七六）。

このように、宗麟がポルトガルと親交を深め、イエズス会の宣教師と親しく交わり、その結果、南蛮渡来の珍獣や兵器がやってくると、仏教勢力を中心に不安や猜疑心が高まり、流言が多くなった。たとえば、「国崩」という名称にも否定的な風評が立った。相手ではなく自分の国を崩すことになるのではないかという疑念が起こったのである。

さらに四匹の虎についても不吉だと流言が飛んだ。日取りを見ると、四疋虎は亡日を意味し、不吉の相が表れているというのである。亡日とは往亡日《おうもうにち》のことで、陰陽道でいう凶日の一つである。外出を忌み、出発や船出、出陣、移転、結婚、元服などに不吉な日だという。また、ある人がいうには、中国の古典『尚書《しょうしょ》』（のち『書経《しょきょう》』）に「珍禽《ちんきん》奇《き》獣《じゅう》国に育《はぐく》まず」とあり、これらを養うことは不可だというわけである。

たしかに『書経』旅獒《りょごう》篇にその一節がある。大意は珍しい鳥や奇異な猛獣はただ人間を楽しませるだけの玩弄物《がんろうぶつ》にすぎないのに、それを入手するために浪費をしてしまっては、結局国のためにはならないという意味である。これは流言というより諫言だったと思われるが、宗麟は意に介しなかったという（右同書）。

そのせいだろうか、宗麟は二年後の同六年十月、高城《たかじょう》合戦（耳川《みみかわ》の戦い）で島津軍に大敗を喫して、大友家衰運のきっかけをつくってしまった。そうなると、虎の子四匹やジャコウの将来はけっして明るくなかったのではないだろうか。その後、彼らの動静は史料上、まったく不明である。

Column

⑤日常の猫、非日常の虎

虎と猫は同じネコ科でよく比較され、実物の虎を見る機会がほとんどなかった日本人には虎は猫の大なるものという意識が強かった。

虎と猫の類似性をつなぐ中間項としてヤマネコ系の動物（大猫とされることが多い）の逸話もある。大田南畝《おおたなんぽ》『半日閑話《はんにちかんわ》』にこんな話があった。

江戸時代後期、浦賀《うらが》奉行である内藤外記《ないとうげき》（伊豆守正弘《いずのかみまさひろ》）の屋敷の台所に何かよくわからない獣が現れて、飯や魚などを喰い、番人などを化かし、あるときは奥方が納戸にいたところ、奥方の名前を呼ぶので、障子を開けてみても何も居らず、障子を閉めるとまた呼ぶので、気味が悪くなり、人を呼んだところ、何もいない。このようなことが何度かあったので、内藤が下知して落とし（ワナ）を仕掛けたら、ある夜、落としに得体の知れない物が掛かっていたので、近習がそれを知らせてきた。落としごと取り寄せて、おおかた狸だろうと思って、よく見ても中が暗いのでよくわからない。それで番人に命じて引き出したところ、絵に描かれている虎に少しも違わない大猫で、縞模様も虎のようだった。さてさて珍しい猫だということでつないでおいた。

　このことを知ったのか、土岐《とき》山城守《やましろのかみ》（上州沼田《ぬまた》藩主土岐《とき》頼潤《よりみつ》か）から使者が来て、「先年山城守がこちらへ来たとき、道中でもらい、秘蔵していた飼い猫を預けていた者が取り逃がしてしまったところ、こちらにて捕らえられたと聞きました。何とぞお返しくださるようお願いいします。ことに山城守は大坂在番中で、預かっていた者も困っておりますので、何分お願いします」と口上をもって申し入れた。けれども、もしや山《やま》師《し》ではないかと疑って断ったところ、また使者がやってきて、「先年取り逃がしたとき、ようやく親類衆に捜索を頼んだので少しも相違ありません。もし疑わしく思われるなら、これら親類衆へお問い合わせになってください」と、五人の名前を書き付けにして持参したなかに、阿部備中守《あべびっちゅうのかみ》などの名前もあった。

　さて珍しいことである。猫の名を「まみ」といった。その後、山城守へ返されたかどうかは知らない。これは内藤氏からじかに聞いた話である。

　長文の引用になったが、捕獲された正体不明の大猫が虎のような縞模様だったというから、ヤマネコの一種だったのではないだろうか。なお、土岐山城守は老中阿部備中守正精《まさきよ》（幕末の老中阿部正弘《まさひろ》の父）の弟だったと思われる。この大猫に「まみ」という一見可愛らしい名前がついているが、伊豆方面の方言では狸のことを指す。

　この大猫が、土岐山城守が飼っていたものかどうか不明だが、その希少価値から珍重されて

今昔未見生物猛虎之図　両国広小路で催された虎の見世物興行の様子を描いたもの。ただ、実際に描かれているのは虎ではなく豹であり、当時は虎があまり認識されていなかったのかもしれない　東京都立中央図書館蔵

いたことがわかる。そうした人気をあてこんだ詐欺まがいの商法もあった。

幕末の嘉永四年（一八五一）十月、江戸の両《りょう》国橋《ごくばし》西詰に虎の見世物小屋が立った。これは豊後国で生け捕りにした猫の大なるものだったという。このとき、その鳴き声が聞こえないよう、拍子木を鳴らしてごまかしたという（『増訂武江年表』巻之九）。ニャーという鳴き声が客に聞こえたら正体がたちまちばれてしまうのは必定だったからだろう。

このように、日本人が虎を猫の大なるもの、あるいは珍しい猫としてとらえていたことは、日常の猫と非日常の虎という対比、ひいてはケとハレという日本人独特の世界観ともかかわって、興味深い事象や事件を生んだといえるかもしれない。

第三章

猫、太平の世を生きる

一筆啓上、猫喰わせ

江戸後期の平戸《ひらど》藩主・松浦静山《まつらせいざん》の随筆『甲子夜話《かっしやわ》』は古今東西のトリビア庫であるが、ここに、ある武士の消息（手紙）が書写されている。人づてに入手したという。差出人は、牛久《うしく》藩山口《やまぐち》家の祖の弟・山口小平次《こへいじ》で、宛先は彼の妻である。これがまた、直江状《なおえじょう》もかくやという超ロングレターで、よくぞ書き写したものだ。

一つ書きで六十条以上あり、末尾は欠損しているので、本来はもっと長かったのだ。内容は「隠居さま（祖父母か）」や娘のケア、火の用心、頭巾を送れなどと続けるうちに、虫干しやへそくりの使い道、種まき、子どもの風呂と細かくなり、やがて「私が死んだら」などというキナ臭い話になる。

二人の幼い娘、そして妻の先行きを案じて「町人に嫁がせるな」「おまえが頼もしい男と再婚せよ」などと記し、いったん「卯四月廿七日」と日付を入れ、花押も書くも、やっぱりまた書き続けている。いったい何なのだ。

実はこれ、かの大坂夏の陣中の手紙なのである。小平次の兄・重政《しげまさ》は長男の縁組を咎められ改易されており、大坂の陣は、山口家にとって起死回生のチャンスであった。そして、この手紙の二十条目。

一、ねこを、めのまへにをかせ候て、よくめしみづをかはせ申さるべし。

猫に餌と水をやれ、ではない。「目の前に置いて」つまり「ちゃんと飲み食いしているか気をつけてやれ」という心配りが泣かせるではないか。

静山は山口家について解説したあと、『武功雑記《ぶこうざっき》』から夏の陣の戦死者を引用している。果たして、小平次は天王寺の戦いで五月七日に討ち死にしていた。改易の原因だった甥も木村重成に討ち取られた。ただ、山口家は彼らの奮戦によって牛久藩一万石を与えられ、静山の時代まで続く。ちなみに松浦家は平戸から出陣したが、五月十一日に到着したときにはすべて終わっていた。

静山より五代前の出来事であり、すでにそれから二百年ほど経過している。

戦国期は、名家の終焉のときでもあった。藤原定家に『小倉百人一首』を編ませた頼綱から続く宇都宮氏は、秀吉に改易された。そして、頼綱の大伯父に当たる八田知家《はったともいえ》の子孫である小田氏治《おだうじはる》もまた、秀吉に改易され、小田氏最後の大名となった。両氏共に道長の兄の子孫（藤原北家）で、花山天皇にアタマを丸めさせて逃げた道兼が祖だ。氏治の寿像には、僧形となった氏治の前に大きなキジトラが眠っている。猫好きだったのだろうか。

同じく猫がうずくまる肖像を残した千姫は秀吉の一子・秀頼の妻、そして三毛猫を抱いた肖像が有名な佐久間将監実勝《さくましょうげんさねかつ》は、かつて知家と共に鎌倉幕府に仕えた三浦義澄《みうらよしずみ》の弟の末裔であった。

そして、太平の世が始まったのである。

1．猫、もてはやされる

近世以前、鼠の害は、現在の想像を絶した。そして行政側の「猫繫グベカラズ」のお触れによって、猫は世に放たれることになる。鼠に対抗できるのは猫だけだった。

鼠、逃げ回る

江戸期に入り、隆盛したのが出版文化である。平仮名とカタカナ、漢字を駆使するという日本語の特色のため、活版印刷の普及は遅かったが、木版印刷によってまずは京都近辺で、その後、江戸でも発展し、相互に流通した。また、対象も知識人だけでなく、一般向けもあった。

そのおかげで、平安期より作品が残りやすくなった。子ども向けには、江戸前期の「御伽《おとぎ》草子」と呼ばれた作品群が知られている。そのなかに『猫の草子』という、鼠の受難を書いた御伽噺《ばなし》がある。

上京《かみぎょう》に住む高僧の夢に「鼠の和尚」が現れ、「いつも縁の下で、ありがたいお説教を聞いてきた。懺悔《ざんげ》をするので教えを垂れたまえ」と、訴えてきた。話によれば、猫が放し飼いになってからというもの鼠たちは、あるいは滅び、あるいは逃げ去り、残った者も生きた心地がしないという。ひとたび

猫に捕まると、頭から噛み砕かれ身を引き裂かれる。このような因果が悲しい、という悲痛な訴えであった。が、高僧は一応、いたわしいことだ、と頷いてみせたものの、こう答えるのだ。

まづまづくせごとに人に憎まるることを語って聞かすべし。わらはごときのひとり法師、たまたま傘《からかさ》を張り立てておけば、やがてしまもと（傘の柄）を食ひ破り、また檀那をもてなさんとて、煎豆、坐禅豆《ざぜんまめ》をたしなみおけば、一夜のうちにみなになし、袈裟衣《けさごろも》ともいはず、扇、物の本、はりつけ、屏風、かき餅、六条（豆腐）などをたまらせず、いかなる柔和忍辱《にゅうわにんにく》の阿闍梨《あじゃり》なりとも、命を断ちたきこと勿論なり

（おまえたちが嫌われるわけを聞かせよう。私のようなしがない法師でさえ、傘は柄から食い破り、人をもてなそうと煎り豆など用意すれば一晩で平らげてしまう。袈裟や衣だけでなく扇や本や、障子や屏風、餅や豆腐までダメにしてしまうとあれば、いかに温和で辛抱づよい阿闍梨といえど、退治したく思って当然であろう）

バラエティに富んだ鼠の被害に驚くばかりだ。食べ物はもちろん、紙と糊の文化であるニッポンの人間社会には、鼠に荒らされるものが実にたくさんあったのだ。

しかも、鼠和尚が答えることには、いくら仲間に言ってきかせても、巣づくりの材や食べものにならないものまでも「徒《いたずら》に」食い荒らしてしまうという。数少ない家財道具を守って暮らす庶民にとって、まさに鼠は「身に虱《しらみ》あり、家に鼠あり、国に賊あり」（『徒然草』）と迷惑千万な存在であった。

兼好法師《けんこうほうし》が嘆いた中世期より生活水準も上がり、鼠もまた増えやすくなった。鼠の害は、ときに人体に及んだ。曲亭（滝沢）馬琴の日記（文政十二年〈一八二九〉三月十五日条）に、こんな記述がある。

老鼠一疋追いかけ廻し処、飛付、左手小指咬付、ふりはなし血おびただしく

（老鼠を一匹追いまわしたところ、左手の小指に喰らいつかれ、ふり離したものの、血がたいへんに出てしまった）

鼠に噛まれるのは珍しいことではなかった。馬琴は「敗毒散服薬」を服用し、梅干しの種を酢で傷口に塗りつけて、さらに「猫の毛」をつけおいた。そういう民間療法があったのだろう。なお、鼠は打ち殺したということだ。

さらに、妻に命じて「京や三九郎方」という販売元から「犬毒妙薬」を調達した。効能に鼠の毒消しもあるということだったが、分量の塩梅が難しかったらしい。副作用がすさまじく「全身すくみ、下痢、歩行いたしがたく」、さんざんな目に合う馬琴であった。

そのほかにも、庭で栽培していたブドウに鼠がつき「当年、ぶだう不利、此方ぶだう、出来あしく、且、鼠つき、あらし候」（文政十二年八月）と嘆くなど、鼠の被害は生活の多岐にわたっていたのである。

対策としてはたとえば「枡おとし」という、お手製の罠があった。囮の餌に引っ掛かった鼠に、枡を被せて閉じ込めるものである。「地獄おとし」という重い板が落ちてくるものや、「極楽おとし」と呼ばれる金網に閉じ込めるものもあった。しかし、数は知れている。猫の活躍が期待されるのもムリ

はない。とはいえ、猫ならどんな猫でもよいというものでもなかった。

猫、高騰する

江戸期になると絹製品の需要もさらに高まり、幕府は養蚕業の発展を支援した。蚕《かいこ》というデリケートな虫を育てる養蚕家にとって、鼠害は悪夢であったらしい。

宝暦生まれの松浦静山は『甲子夜話』に、こう書いている。

奥州は養蚕第一の国にて、鼠の蚕にかゝる防とて、猫を殊に選ぶことなり（奥州は養蚕が盛んなので、蚕につく鼠を防ぐため、猫は念入りに選んだ）

江戸後期の『海録』という考証集にも「上州桐生のあたりにて、猫の仔をもらふに、百三文銭をやりて貰ふとぞ、あたへを取らざる者もあれど、おほかた此の如し、蠶《かいこ》をかふに鼠をおそれて、必ず猫を家毎に養ふなり」とあり、有償でも必需品であったことが記されている。

猫価は高騰することもあったらしい。先の『甲子夜話』では「上品《じょうぼん》の所にては、猫の価金五両位にて、馬の価は一両位なり」とあり、驚きの高価格である。

実は猫に関するお触れは各地で出されていたらしい。たとえば寛永期には、富山《とやま》藩で猫の売買を禁止する令が出されたと伝わる。猫価の高騰が社会問題化していたのではないか。天正十年（一五八二）に京都で出されたのも「猫の盗難」「迷い猫の捕獲」そして「猫の売買」の禁令であった。慶長十三年（一六〇八）には周防・長門方面で「他人の猫が放たれていても繋ぐなかれ」と発令されたといわれる。五代将軍綱吉はさらに「御成《おな》りの際であっても犬猫は繋がずとも苦しからず」と触れを出している。

しかし鼠害の昂じた年ともなると、猫は破格の値段となった。鼠の異常大発生は何度か記録されており、安政二年（一八五五）の津和野《つわの》藩での大流行が災害史として記録されている。水野為長《みずのためなが》が綴った風聞書『よしの冊子』では、寛政年間に美濃で大規模な鼠害が起きたことを伝えている。

田に鼠付候處追々相増、もはや田畑共喰盡し、此節ハ人をも喰ひ候由。併《しかし》人を喰候ても痛無之《これなく》、貴様ハ耳がないと申候へバ、ハァそんならゆふべ鼠ニくハれたかもしれぬと申候位、一向いたみ不申《もうさず》。

（田んぼに鼠がつきだんだんと増え、すでに田畑は喰い尽され、最近では人をも喰うようになったという。ただ喰われても痛みはなく、おまえ耳がないぞといわれれば、おやそれなら夕べ鼠に食われたかもしれないというくらいだった）

なんとも恐ろしい勢いである。この鼠害は二、三年前から伊勢あたりを手始めに美濃、尾張に広がったとあり、大移動と思われていたようだ。各地で頻発していたのではないか。江戸では品川沖あたりに鼠の大群がいたという。もちろん猫価は、高騰した。

此節猫至てはやり、一物（逸物）の猫ハ金七両貳分、常の猫五両、猫の子ハ一二三両ぐらいのよし。

（最近猫がもてはやされ、逸物の猫は七両二分、ふつうの猫なら五両、仔猫は二、三両ほどであった）

ここで注目すべきは『甲子夜話』の「上品《じょうぼん》の所にては」という一文である。「上品」とは何なのか。『蚕飼養法記』では「家々に、かならず能猫《よきねこ》を飼置へし」と宣言した。「能猫＝能力のある猫」、つまり「鼠獲りがうまい猫」ということである。鼠とりが得意な猫を当時「逸物の猫」と呼んだ。

『円珠庵雑記《えんじゅあんざっき》』（元禄時代の国学者・契沖《けいちゅう》の随筆）によれば「猫」は「鼠子待《ねこま》」の略だという。「猫の性は、鼠にても、鳥にても、よくうかゞひて、かならず取得んと思はねばとらぬものなり」、つまり必殺の心底で動く動物としたのである。なかでも「逸物」の猫は格別の資質を持つとされた。

鼠よけの猫　首に鈴をつけた猫がじっと上を注視しており、踏み出す瞬間を見計らっているようにみえる。この絵を家に張っておくと鼠が恐れて出てこなくなるといわれ、江戸時代、猫の絵が鼠よけに使われていた　東京国立博物館蔵　出典：ColBase（https://colbase.nich.go.jp/collection_items/tnm/A-10569-5506?locale=ja）

凡そ猫が鼠を捕えるのに、一匹捕えて、先ず噛んで半殺しにしておいて、又他の鼠を捕えて初めのようにする。たとえこれが数十匹になっても倦《う》まない。このような猫を俗に逸物という。もし、一匹の鼠を得ると、先ずこれを食い尽してから他を捕える猫は、その次である（『本朝食鑑《ほんちょうしょっかん》』）。

鼠を見る限り獲り続ける「飽くなきハンター」こそ、逸物猫なのである。鼠獲りの能力は、猫の価値をおおいに左右した。

猫、奥義を垂れる

おもしろい書をご紹介しよう。御伽草子の流行よりのち、江戸中期になって「談義本《だんぎぼん》」という、諧《かい》謔《ぎゃく》や風刺を効かせた教訓本が登場した。そのなかに、武道の心得や奥義を説いた『猫の妙術』なる、その道では知る人ぞ知る奇書があった。これが「逸物の猫」について、実に生き生きとその存在を伝えてくれているのである。

勝軒《しょうけん》という剣術者の家に「大なる鼠」が出たところから、物語は始まる。白昼から駆け廻り、飼い猫も歯がたたない。鼠のほうから喰らいつき、猫も逃げてしまう有様で、諦めて近所より「逸物の名を得たる猫ども」をたくさん借りてきた。が、床の間にどっしり居座り、猫に喰らいついていく鼠の様子はすさまじく、猫たちはみんな尻込みしてしまった。

ごうを煮やした勝軒は、自ら木刀で打ち殺そうと奮闘したが、障子など叩き壊してしまっただけで、油断すると勝軒すら飛びつかれそうになる。猫に個体差があるように、鼠にもまた、手強い強者がいたのだろう。「たちの悪いのに居座られる」こともあったに違いない。
「大汗を流し」た勝軒は、従僕を呼んで命じた。
これより六七町さきに無類逸物の猫ありと聞く
遠方から勇名が鳴り響くような猫とは、いったいどんな猫だろう。だが、早速借りてこさせてみると、拍子抜けするような猫だった。
其形、りこうげにもなく、さのみはきはきとも見えず
とにかくわざわざ借りてきたのだから、鼠の部屋に入れてみた。するとである。
彼猫を入れければ、鼠すくみて動かず、猫何んの事もなく、のろのろと行き、引きくはえて来りけり
その「はきはきともみえない猫」が部屋に入っただけで鼠がすくみあがり、あれよあれよという間に咥《くわ》えてきてしまったのだ。まるで剣豪の武勇伝のようである。
その夜「彼の古猫」を囲んで、先刻多数借りてこられた猫どもが集った。
其夜、件の猫ども彼家に集まり、彼の古猫を座上に請じ、いづれも前に跪き
（その夜、集められた逸物の猫たちは、かの無類逸物の猫を上座に、並んで跪いた）
ありがちな深夜の「猫の集会」が、俄然、曰くありげに見える巧みな描写だが、会話がさらにふるっ

ている。逸物猫の代表は言った。

我ら逸物の名を呼ばれ、其通《そのみち》に修練し、鼠とだにいはば鼬《いたち》、獺《かわうそ》なりとも取りひしがんと、爪を研ぎ罷在候処、未だかかる強鼠あることを知らず

（われわれは逸物といわれ、その道に修行し、鼠はおろかイタチやかわうそまで取る心構えで爪を研いできましたが、これほど強い鼠がいたとは知りませんでした）

彼らは自ら「逸物の猫」であることに誇りを持ち、日々鍛錬していた。しかるに今日、完敗を喫してしまい「願はくは惜しむことなく公の妙術を伝へたまへ」と教えを請うたのである。進み出た「鋭き黒猫」が言った。

我鼠を取るの家に生れ、其道に心がけ七尺の屏風を飛び越えてちひさき穴をくぐり、猫子の時より早業軽業に至らずといふ所なし。或《あるい》は眠りて表裏をくれ、或は不意に起って、桁梁《けたはり》を走る鼠と雖も捕り損じたることなし。然るに今日思ひの外成る強鼠に出合ひ、一生のおくれをとり、心外の至りに侍る。

（私は鼠を捕る家系に生まれ、常に修行を心がけ、二メートルを超える屏風も飛び越え、小さな穴も掻い潜り、仔猫（猫子）の頃から早業にも軽業にも自信がありました。あるときは眠ったフリをし、あるときは不意に飛び、桁や梁を走り抜ける鼠といえども捕り損じたことはなかったものですが、今日、思いもよらぬ強い鼠に遭遇し、一生の不覚を取り、心外の至りです）

もはや武道である。しかし、考えるとこういう猫たちは実在したのではないか。たとえば、鼠が狙いそうな物を商い、奉公人も多い大店であれば、食材・家財は莫大である。しっかり者の主人であれば、それこそ「逸物の猫」確保に金銭・手数は惜しまなかったと思われる。時には逸物の雌猫の子どもを予約したりしたであろう。残念ながら能力に問題があった場合はよそに出すなどし、結果的に飼われているのは皆「逸物」揃い、相互に切磋琢磨する状況も発生したのではないか。

このあと古猫は「虎毛の大猫」や「灰毛の少し年たけたる猫」などと問答をして「殺気を発するうちはまだまだである」という奥義を語り、猫たちはまことの自然体について学ぶのだが、なんと魅了されてしまった勝軒までが「夢の如く此言を聞いて出て、古猫に揖《ゆう》して曰く」奥義を示したまえと請うてしまうからおもしろい。古猫は言った。

我は獣なり。鼠は我が食なり。我何ぞ人のことを知らんや。
（私は獣、鼠は食べ物だ。人のことは知るわけがない）

『猫の草子』でも、高僧に猫が教えを請うシーンがあり「（鼠の）殺生だけはやめたらどうか」といわれた猫が「天道より、食物に与へ下され候ふ故に」食べているのだ、と答えていた。鼠はまっとうな猫の食べ物であり、自然のことだという考えが、殺戮を常道とする猫を護っていたのである。女所帯などでは、罠にかかった鼠を猫に持ち込むこともあった。

現代の感覚でいえば、猫が鼠を実際に食べる姿は想像しにくいのだが、馬琴の日記には猫の「鼠食」

が記されている。

今暁八時頃、台所ニて、小猫、中鼠をとる。一夜明後迄に食尽しぬ。是迄ねずミをとること三度也。当六月出生の小猫ニして八逸物なるべし。

（夜中二時頃、台所で仔猫が中くらいの鼠を捕った。夜が明けるまでに食べ尽くす。これまで三度、鼠を捕った。六月生まれの仔猫としては逸物といえる）

六月生まれの猫の、十月の記録である。半年もたたないのにこの成果とは「逸物の猫たる可能性あり」と、仔猫にかける期待が切実である。

仔猫の鼠捕りというと、思い出されるエピソードがある。アメリカの開拓時代の家族を描いた『大草原の小さな家』シリーズにおいて、主人公のローラ一家は、サウスダコタ州のデ・スメットという町で鼠害に悩まされた。「父ちゃん」は髪の毛をごっそり鼠に刈られるほど深刻で、町では鉄道で東部から猫を取り寄せた者まで現れた。その猫が産んだ仔猫に、父ちゃんは五十セント払ったのである。当時、ローラの裁縫仕事の日給が二十五セントであった。

親から離すには小さすぎるが、まずは確保し、「暖かくして、時々目をよく洗って」大事に育てた。そして、まだほんの仔猫時代に、早くも鼠と対決する。自分より大きな鼠に何度も噛まれ、悲鳴をあげながら仔猫が奮闘するさまが、臨場感たっぷりに描写されている。

一家が懐かしんだのは、かつて住んだウィスコンシン州の「大きな森」で飼っていた「ブラック・スーザン」であった。飼い犬のジャックは移住する際も連れてきたが、猫は置いてきたのである。のちに親戚の女性に聞くと、ブラック・スーザンはその後も穀物倉でゆうゆうと暮らし、一帯で繁栄した子孫はみな、鼠捕りに勇名を馳せていたという。

ローラ・インガルス・ワイルダーは日本でいえば慶応年間の生まれである。鼠の害は、日本に限ったことではなかったのだ。

「逸物」がいるかげに

こうした「鼠捕り」のための猫たちは、粗食ではあるが、それなりに扱われていたことと思われる。しかし、武芸者が飼う猫でも、さほど役に立たない猫はおり、反対に、何ということもない家に飼われながらも、その名が轟くような「逸物」猫がいたことだろう。「雇い猫」という言葉もあったことから、飼い主に借り賃を払うか猫に食餌をつけるかで貸し借りもしていたと思われる。昭和の作家である長部日出雄氏も、故郷の津軽における「雇い猫」について回想している。ホッケの干物などを報酬に、借りてきた猫は鼠捕りに励んでいたという。文字通り「猫が稼ぐ」飼い主もいたのではないか。

虫干や　蔵に声ある　雇ひ猫　（貞佐）

かつふしを　喰にけにする　かりた猫　（『川柳評万句合』安永期）

かといって、鼠とり下手な猫がすべて放逐されたわけではないだろう。年をとって、だんだんに鼠を取らなくなった「逸物の猫」もいたはずである。だからこそ「逸物」は特記されたのである。飼っているうちに情が移り、いつしか人生の友となった猫も、いただろう。

ただ、現代と違い、そういった「ワーキングキャット」が社会でおおいに認められた存在であった。おそらくそれも、猫が社会に行き渡る原因になったのではないだろうか。その後、「石見銀山《いわみぎんざん》」と呼ばれる鼠獲り薬も流通するようになるが、猫は変わらず飼われ続けた。

そして明治になり、黄リン系の殺鼠剤が「ネコイラズ」として盛んに使われるようになり、猫の有用性は激減した。猫が現代のような愛され方をされるのは、しばらくのちのことである。しかし、もちろん、猫飼いはいなくならなかった。

Column
①猫と、麝香猫

戦国末期から江戸初期は、建築ラッシュ期であった。現代に残る名建築も少なくない。そこに佇む猫たちを訪ねてみよう。

別格は、あの猫だろう。家康は死後、まず久《く》能山《のうざん》（静岡市駿河区）に葬られ、息子の秀忠によって日光《にっこう》（栃木県日光市）に改葬された。そして三代家光《いえみつ》の大事業として、家康二十一年神忌に向け「寛永の大造替」が実施された。「眠り猫」は東照宮東回廊の潜門《くぐりもん》上にいる。「蟇股《かえるまた》」に収まったさまが、狭いところが好きな猫らしい。裏側には竹林に雀《すずめ》がいて、春日大社の宝刀と同じモチーフである。左甚五郎《ひだりじんごろう》作といわれるが、実は大阪の四天王寺《してんのうじ》（大阪市天王寺区）に、もう一匹、甚五郎作の猫がいる。

ここの正門は「虎之門」で、「猫之門」は開かずの門である。聖霊院《しょうりょういん》経堂にある経典を鼠から護る猫という。四天王寺は聖徳太子《しょうとくたいし》建立といわれ、平安期には藤原頼長なども参詣している。何度か火災に遭い、元和九年（一六二三）に徳川幕府が再建した。日光大造替の十年前である。大晦日と元旦に東照宮の猫と啼き合うとか、時々いなくなるので後をつけたら、今宮《いまみや》戎神社《えべっさん》の鯉を狙っていたとか、さまざまな逸話がある猫さまである。

日光東照宮の眠り猫　栃木県日光市

この頃、目立つのが「麝香猫図」である。ジャコウネコといっても、想像上の霊獣に近い（実物はこれほど長毛ではない）。サントリー美術館にある「樹下麝香猫図屏風《じゅかじゃこうねこずびょうぶ》」は、狩野永徳《えいとく》の祖父・元信《もとのぶ》の弟に当たる狩野雅楽助《うたのすけ》作といわれている。室町後期に活躍した絵師で、誰が発注してどこにあったものなのかはわからない。茶色いモフモフの毛並みが美しい。ボストンにある「松下麝香猫図屏風」とペアで六曲一双となっていたものといわれる。

狩野家の祖は伊豆の豪族・工藤茂光《くどうしげみつ》といわれる。伊東祐親《いとうすけちか》や工藤祐経《すけつね》の一族だ。元信の父・雅信《まさのぶ》が足利義政《よしまさ》の御用絵師となってから、幾代もの権力者に仕え、代々繁栄した。狩野家という血族を中心に、技術を共有し洗練させ続けた一大工房が「狩野派」なのである。狩野永徳の孫の探幽《たんゆう》の代からは江戸に活躍の場を移し、幕府御用達となった。

南禅寺は応仁の乱で荒廃したが、戦国期に金《こん》地院崇伝《ちいんすうでん》が入寺し、寺運がときめいた。国宝の大方丈《だいほうじょう》は慶長十六年（一六一一）に、女院御所、あるいは御所の清涼殿が下賜されたといわれる。元和六年に薨去した新上東門院《しんじょうとうもんいん》（勧修《かしゅう》寺晴子《じはるこ》）の御所の移築ではないだろうか。障壁画にいる、長毛の「牡丹麝香猫」に注目されたい。描いたのは永徳率いる狩野派工房である。

関ケ原の合戦後、大御所家康は尾張藩の城として、名古屋《なごや》城（名古屋市中区）を普請した。おもしろいことに本丸は将軍の御成御殿とされ日常使用はされず、藩主らは二の丸に居住した。本丸御殿表書院三之間の襖絵に、狩野派の手で麝香猫が描かれている。ややグレーがかり、背に縞模様があるが、モフモフの尾がまさしく麝香猫図だ。親子猫と、傍らに「眠り麝香猫」がいる。日光のあの猫を思わせる。この麝香猫一家の襖は第二次大戦時に取り外されて、名古屋大空襲をまぬかれた。本丸玄関大廊下にも麝香猫図の杉戸絵《すぎとえ》があり、こちらは定番のモフモフ尾に、斑模様が美しい。反対側は竹虎図である。どちらも生き延びていて幸いである。

法然の草庵を起こりとした京都・知恩院《ちおんいん》（京都市東山区）は、徳川政権によって一大伽藍となった。寛永期の火災後も家光が再建している。国宝の御影堂《みえいどう》右手に建つ大方丈は、京都屈指の書院建築である。ここの廊下の杉戸絵に、狩野信政《のぶまさ》（探幽門人）の手になる「三方正面真向の猫」がいる。

このあたりから猫と麝香猫の差が曖昧になってくるが、モフ尾はまさに麝香猫図である。親子の猫図の、親猫の視線がどこから見ても正面にみえる。知恩院七不思議の一つとされた。なお、同じく浄土宗の檀王法林寺《だんおうほうりんじ》にも麝香猫図屏風があるという。ここは、主夜神尊《しゅやじんそん》のお使いとされる「右手を上げた黒猫の招き猫」を作っていることでも有名である。

「麝香猫図」は、中国由来である。唐の宣宗《せんそう》が描いた「麝香猫図」は、白猫の頭部に特徴的

な黒丸の斑があり、尾だけがやや長毛で黒い、猫そのものである。その二百年後の北宋・徽宗《きそう》皇帝にも「麝香猫図」があり、ポーズは違うが頭の丸い黒ぶちに黒い尾でそっくりだ。

大和文華館所蔵の「蜀葵遊猫《しょっきゆうびょう》図《ず》」（伝・南宋の毛益《もうえき》筆）を見ると、茶白の親猫、三毛猫と黒白猫の子猫の親子図で、尾や短めだがやや長毛。雰囲気は名古屋城などの麝香猫にむしろ似ている。ちょっと長毛種の猫のようである。

いずれにせよ平和な絵の定番として、やがて享保期に伝来する清国の「南蘋《なんぴん》派」の猫図へと受け継

麝香猫図（復元模写）　名古屋城蔵

がれた。牡丹は「富貴」、猫と蝶は「耄《もう》・耋《てつ》」に中国語で音が通じるため、吉祥のモチーフとして好まれたのである。また、頭に黒ぶちのある白猫は、菱田春草が再び描いた。

なお江戸期以降、麝香猫はオランダ経由で一定数持ち込まれるようになり、霊獣「麝香猫図」は姿を消していく。その後、発展するのは「虎図」である。日本には虎がいないので、描くほうは手本探しに苦労した。当時、「豹《ひょう》」は雌虎とされていたために、母虎だけ豹柄であったり、虎の眼が猫のように糸状に描かれたりした（第二章第五節参照）。

江戸後期の仙厓《せんがい》義梵《ぎぼん》の「虎図」には「猫か乕（虎）か當て見ろ」という讃が添えられている。また、宮内庁三の丸尚蔵館にある「群獣図屏風」には円山応挙の虎と猫が仲良く並んでいる。

2. 馬琴と猫と、息子の嫁
——赤雑毛男猫・仁助

『南総里見八犬伝』が名高い曲亭（滝沢）馬琴は、人間嫌い、付き合い下手、引きこもりがちであった。そんな彼の最後の猫・仁助《にすけ》は、息子の嫁に受け継がれた。

黒猫「野驢」

馬琴に関しての資料は多い。記録好きの細かい性格で、日記も家記も、書簡も、批評類も山のように残している。おかげでさまざまな方面から研究されており、猫ひとつとってもなかなか興味深い。

彼が書き残した最初の飼い猫は、黒猫であった。『燕石雑志《えんせきざっし》』という、随筆的な考証集のなかで触れている。このなかで「たぬきは田猫なるべし」と、唐土で狸を「野猫」と称することについて述べながら、いつの間にか脱線して「わが家嘗《かっ》て一の黒猫児を畜《やしない》けり」という自分語りになっているのである。

よく鼠を捕る。その名を野驢《やろ》と呼《よび》つ。

鼠捕りのうまい黒猫というと、宇多天皇の猫を彷彿とさせる。この猫は三歳で貰われてきて、十一年間を馬琴宅で過ごしたという。「犬猫は五、七歳にて甃《たお》る、ものなれど、稀には長寿のものもありけり」と、どこか誇らしげに書いている。

さてこの野驢くんだが、馬琴宅に来た時期が何ともはや、絶妙なのだ。馬琴の出自は武家である。川越《かわごえ》藩分家に当たる千石取りの旗本家の、家老の家柄であった。父が早逝した際に没落した。馬琴は下士奉公を厭い、医術やら卜占やら俳諧やら黐《かじ》ったが、どれも続かず、家族を悩ませた挙句に戯作者の道に行き着いた。

当時、飛ぶ鳥も落とす勢いであった山東京伝《さんとうきょうでん》の門を叩き、弟子入りこそできなかったが面倒を見てもらった。水害で家を失った際は、居候もさせてもらった。京伝の口ききで著作も刊行され、蔦屋《つたや》重三郎《じゅうざぶろう》の手代にもなり、そして履物商売を営む会田《あいだ》家の入り婿になった、といわれている。

これが、馬琴のトラウマになったと思われる。「そこそこ由緒正しい武家に生まれた」というプライドが邪魔をし、履物を扱う町人に縁づいたことを恥じ、入り婿のくせに姓を名乗らず、姑が死んだ途端に商いを止めた。それでも会田家に入る年間二十両の家主収入には、婿になる旨味があったのである。そうやってようやく一家の主《あるじ》となり、その直後に出入りの商人から「野驢」を貰い受けたのである。

家記によると「鹿骨」という狆《ちん》も飼ったが、人に乞われて手放したらしい。安住の地を得た途端、犬猫を飼いはじめたということは、馬琴を知るうえで味わい深い。

子どもは男子一人、女子三人が次々に生まれた。時代はちょうど、十返舎一九《じっぺんしゃいっく》の『東海道中膝栗毛《とうかいどうちゅうひざくりげ》』の連載開始の頃である。この頃まで日本には専業作家が存在しなかった。著述の代価は「吉原で接待」などであったらしく、京伝から「戯作者など、本業の片手間にやることだ」と諭されたという。恋川春町《こいかわはるまち》、大田南畝といった面々はみな、れっきとした家中の武士であった。

しかし京伝、そして馬琴は初めて「稿料」を受け取った。印刷技術の向上と販路拡大により、出版部数も増えており、式亭三馬《しきていさんば》や一九のような庶民の戯作者も続々と現れた。

出版物の形態も変化している。黄表紙《きびょうし》が大人向けになり、挿絵や表紙はカラーグラビア化した。それまで正月刊行の版木は一年でリサイクルされていたが、寛政の改革を経て、複雑な仇討ち話のような長編が増えた結果、草紙を合冊する「合巻」という形態が誕生した。さらにそれが続き物になり、版木を残してどんどん刷るようになっていった。

馬琴は、自ら薬を丸め、命名して売る「売薬」を始めた。製薬業に資格はなく、著作に広告が打てる戯作者にはうってつけの副業で、京伝・式亭三馬も成功している。馬琴は奇応丸《きおうがん》、神女湯《しんにょとう》など数種類を遠方にも卸《おろ》した。さらに妻子女をはじめ家内を厳しく統制し、節倹に努めた。会計が合わないと小銭まで探させたという。そして、怒涛のように著述に邁進した。

当時の本はすべて挿絵つきで、著者が考え、画工に描かせた。絵心のない馬琴であるが、硬派なストーリー性重視の「読本」と呼ばれるジャンルで文壇のトップに躍り出た。その代表作が『南総里見八犬伝』（以下、八犬伝とする）である。ブレイク作である『椿説弓張月《ちんせつゆみはりづき》』は葛飾北斎《かつしかほくさい》と組み、黄金コンビとなったが、馬琴は枠線に至るまで挿絵に口を出したため、北斎とは衝突もしたらしい。

コミュ障の馬琴

馬琴はとにかく付き合い下手であった。頑固で自尊心が強く、他人に厳しく武家気質な人間が、町人どものただなかで暮らすうちにこじらせていった。商いを卑しみながらも、売薬渡世をする馬琴自身が矛盾の塊りであった。戯作者であることにも複雑な思いがあり、やがてあの松尾芭蕉さえ「俳諧師だにも」と貶《おとし》めるようになる。

その馬琴宅がいわゆる「火宅《かたく》」であったのは皮肉である。妻は持病の「癪気《しやっき》」持ちで、時にヒステリー性発作のようなものを起こした。娘たちですら扱いかね波風が絶えず、しかも息子に遺伝した。

馬琴の気質と母の体質を受け継いだ息子は、人と馴染まず、虚弱であった。馬琴はこの息子の教育に心血を注ぎ、画家・儒者とチャレンジさせたが挫折、結局医術を学ばせ、馬琴ファンの隠居大名のお抱え医師に据えることに成功した。士分となったことで滝沢家復興を果たしたのである。長女の婿には家主稼業を継がせ、下男のごとくこき使った。そして自らは、大威張りで著述に専念したのである。

だが行く末は、どうなったか。息子はまともに働けず、お情けで扶持だけ貰った。馬琴は理詰めの説教を、妻と息子に繰り返したが、ふたりとも時に暴力的になり、馬琴はこれを「内乱」と呼んだ。

疲れ果てた馬琴自身も老いて病み、やがて片目ずつ失明する。まもなく息子は病没し、六十九歳の馬琴を打ちのめしたのである。

著作権が無い時代の悲しさで、馬琴の著作をメディアミックス展開した浮世絵や小物が売れても、「実写化」した芝居がかかっても、馬琴には一文も入らなかった。が、彼が一筆書けば、顔を出せば、金を払おう口もきこう、という筋は多かった。だが馬琴は、それらを無視した。息子が勤める大名家にもそうだったから、息子も肩身が狭かったろう。馬琴が本当に武家であったなら、宮仕えの基本は行うべきであった。だが、彼の心情は戯作者だったのである。

息子の死後、ほぼ盲目の馬琴の肩には、妻と息子の嫁と孫三人という一家すべての生活がかかっていた。孫に御家人株を買うため蔵書も売り払い、軽蔑した「書画会」も行った。これは当時、作家や画家には大金になるイベントであり、恥を忍んで挨拶廻りもしたという。

そして執筆二十八年間、九十八巻に及ぶ超大作『八犬伝』を完成させるために、息子の嫁を頼り、口述筆記させた。日記や手紙も含め、すべて代筆である。息子の嫁・お路《みち》は家事と子育てをしながら、漢学の素養さえ必要とされる『八犬伝』を筆記する一大事業に挑戦せざるをえなかったのである。

ふうらいねこ、到来

馬琴が没する半年ほど前の嘉永元年（一八四八）、その日記に猫が登場する。七月二十一日、無礼《ぶれい》村より存じ寄りの来客があり、これは先日約束した「猫の用」であった。馬琴宅の猫が仔猫を四匹、産んでいたのである。

「右親猫ハふうらいねこ也」とあるから、迷い猫だったのだろう。妊娠中の雌猫を、お路やお幸《さち》（孫娘）が不憫がり、手元に置いていた。それが六月十二日に出産したのである。仔猫たちの貰い手を探し、「赤ぶち」の親猫と「赤とら」の仔猫の引き取り先が、まず決まった。

みかん籠ニ入、母子とも、緋ぢりめんくびたまをかけさせ、かつをぶし一本添、渡遣ス。源右衛門、即、荷籠ニ入持、帰去。

（みかん籠に入れて母猫仔猫ともに赤い縮緬《ちりめん》の首輪と鈴をつけ、鰹節を一本添えて、渡した。源右衛門はすぐに荷籠に入れて持ち帰った）

「猫の嫁入り」の、当時の風習がしのばれる。くびたまとは鈴である。この後「赤白男猫」を馬琴の妹夫婦経由で、欲しがっていた者にあげた。

右男猫、めざるニ入、かつをぶし差添、渡し遣ス。

そして「赤雑毛女猫」は孫の同僚宅に行った。孫の太郎もすでに二十歳を過ぎている。同僚の松村《まつむら》は読書好きであり、よく馬琴宅にも来訪していた。

昼後、太郎、赤雑毛女猫を松村義助《ぎすけ》方へ持参。同人貰受度由、約束有之故なり。鯔《ぼら》開壱尾、為持《もたせ》遣ス。

（昼食後、太郎がオレンジの雑種牝猫を松村義助宅に持参する。彼がもらいたいと約束したからである。

滝沢馬琴の墓　東京都文京区・深光寺境内

鰡の開きを一匹、いっしょに持って行かせた）

残った一匹は、赤雑毛の牡猫であった。馬琴は「野驢」以降、小鳥や狆の繁殖に凝り、小鳥は一時百羽以上も抱え、本業と家計に差し支えていた。狆の「ヤナ」一匹を残し、小鳥はほとんどを手放したが、カナリヤは長く番《つが》いで飼い、殖やせば人にあげるなどしている。が、晩年、犬猫の記述は文政期の書簡に「猫を飼っている」とあるぐらいで、この「赤雑毛猫」が馬琴最後の猫であるのは、ほぼ間違いない。翌月、馬琴は八十二歳で、長い一生を終えた。その後、嫁のお路は太郎と娘二人を抱え、文字通り孤軍奮闘する。

それにしても薄幸な嫁である。舅は頑固一徹で口やかましく、持病もちの姑は手がかかり、病弱な夫にはしばしば当たり散らされた。馬琴が「彼なくばあるべからず」と、息子の嫁を讃えたのは当然であった。

赤雑毛猫の受難

赤雑毛猫は翌年三月、いっとき行方不明になった。お路は日記に心配するさまを綴っている。彼女は馬琴の没後も、ずっと日記を書き続けたのである。

去申夏六月十二日夜出生の赤雑毛の男猫、天明前、行方不知《しれず》、処々尋るといへども、死骸だに見えず。多分、狐・犬の銜《つれ》去られしなるべし。誠ニふびん限りなし。

（昨年の六月十二日の夜生れたオレンジ雑種牡猫が、明け方いなくなる。方々探したが死骸も見当たらない。おそらく狐か犬が連れ去ったのだろう。不憫でならない）

翌日、太郎の友人の妻が、薮の中で猫が啼いていると知らせてくれた。駆け付けて竹垣を押し開き、救け出した。誰かの仕業か、狐に化かされたのか、とにかく「悦しき事也」である。だが息子の太郎は病がちで、猫を嫌った。お路は「白黒雑毛小猫」も新たに貰っていたらしいが、「大切にかわいがるから」という貰い手の言葉を信じ、「緋ちりめん首玉（鈴）」をつけて譲った。

そしてとうとう「赤雑毛男猫」も手放す決心をする。

去年五月迷猫の産候同六月十二日出生の男猫、仁助と名づけ候猫、太郎不快ニ付、無拠《よんどころなく》外ニ遣し度の所、幸宇京町ニのろと申御番医方ニて望候由ニ付、遣ス。

（昨年五月に保護した迷い猫が六月十二日に産んだ、仁助と名づけた牡猫だが、太郎が不快というため、仕方なくよそにやることにしたところ、幸いに宇京町の「のろ」という御番医者が欲しいといってきたため、そちらにやった）

お路の言葉は、実に身を切られるようである。

是迄秘蔵致ゆへ、誠ニふびんニ存。いくゑ《（幾重）》ニもおしまれ候へども、右猫有之故ニ太郎大長病可成候ニ付、遣シ候物也。
（これまで大事に飼ってきたもので、本当に残念で、名残惜しくて仕方ないけれど、この猫がいるために太郎の病が重くなるかもしれず、よそにやるしかなかった）

並々ならぬ舅・馬琴の思いを継いで、女手ひとつで頑張ってきた。そのなかで、猫が貴重な癒しであったろう。お路は気になって、翌日娘に仁助の様子を見に行かせた。すると、ちゃんと繋いでいたが、もういなくなってしまったというではないか。お路たちは嘆き悲しんだ。これまで飼い猫だったものが迷い猫になり、さぞ食べ物に困り「難義かぎりなかるべし」と気に病んだ。夕方、猫を貰いたいと別口の申込があったときは、こちらに渡していたらよかったかと余計に辛くなった。そしてこの三か月後、息子の太郎は亡くなってしまうのである。

このの後ちお路は、娘に婿を取るなどして、家名存続に苦心したが、孫息子も病弱で、どこまでも苦労したのであった。が、仁助はまた日記に現れるのである。あの「赤雑毛男猫」が戻ってきたのか、二代目仁助を飼ったのかはわからない。が、知人が「仁助に」とめざしを持参するなど、愛されている様子がわかる。めざし・いわしを持参してお路の機嫌をとってから、借金を申し込む輩までいたのが何ともおかしい。

牡猫らしく時にいなくなり、その都度お路に気をもませた。また、節分の祝い膳から塩鱚《きす》を失敬し「今日の弁当は焼物なし」などという笑い話もあった。

おおごとになったのは、嘉永五年の閏《うるう》二月であった。仁助は餌を食べず、三日ほどして夜中にいなくなった。死骸も見つからず、案じていると、翌日午後になって戻ってきた。お路は「あかがねの粉と硫黄」を飲ませた。猫の毒消しとして知られていたようである（悪いものを吐かせるためか）。そして剥き身など与えたが食べないので、布団に寝かせた。

息をするのみで四日も絶食しており、時折苦しいようである。尾張家の長屋で猫薬を売っていると聞き、行ってみたが売切れだった。猫用医薬品も流通していたとわかる（しかも武家である）。知人も見舞に訪れた。お路は水天宮《すいてんぐう》の御札を一文字切り取って仁助に「戴かせ」たが、次第に水も飲まなくなった。「不憫かぎりなし」と苦しげに書き綴っている。

翌日、友人が「どこかで良い猫薬があれば買ってきましょう」と言ってくれた。七つ時に帰ってきていうことには、下町を方々探したところ、通新石町の薬種屋で「猫毒なら烏犀角《うさいかく》がよろしかろう」と勧められたとのこと。雨の中の骨折りがありがたく、お路は拝むようにして早速仁助に服用させた。それでも水を飲むばかりである。見舞客が時折来ているから、お路が日頃、どれほど仁助を大事にしているかがうかがえる。

翌日も烏犀角を飲ませ、ようやく便が少し出た。さらに翌日、剥き身を少々食べ、夜には猫まんまを少し食べた。仁助は九死に一生を得たのである。お路は日記に「猫仁助順快、今日迄十日絶食の所、今朝飯をくろふ」と嬉しげに記した。

仁助はそれからもかわいがられたらしい。また、他にも仔猫が持ちこまれたり、譲ったりと、日記にはちょくちょく猫が登場している。仁助が最後に登場したのは嘉永六年の暮れで「昨夜から帰らない」と書いてある。その後、戻らなかったのかどうかはわからない。

嘉永七年（安政元年）十月に、おもしろい記述がある。隣家の主人が栄転になり、遠方に行くので飼い猫まで連れて行けない、こちらで貰ってほしいと奥方が頼んでいる、と聞いたのである。隣家は喜びのあまり大騒ぎで、お路方にしてもすわ、猫が来るのか、と思っていたら、夜になって主人が帰宅し、役替えなどないと判明し、一同夢から醒めたようになった。

昨日のよろこび、こんざつと引替、今日はしづか也。一笑〳〵。

（昨日の有頂天ぶりや騒動に引き比べ、今日は静かである。ちょっとおかしい）

お路はこの四年後、亡くなった。女子と小人は養いがたし、と言い続けた馬琴であるが、版元が勧めたプロの筆耕者はみな追い出してしまい、『八犬伝』完走のパートナーとして選んだのはお路であった。お路にとっては災難でしかなかったように思う。だが彼女はやり遂げ、亡くなる寸前まで書き続けた日記は当時の生活を今に伝えている。もともと才があったのだろう。

宇多天皇の黒猫以来、来歴から猫の様子、育てぶり、飼い主の思い入れまですべて揃った久々の猫記録である。しかも今回は、名前まで残った。

お路の手により「赤雑毛男猫」仁助は、現代まで語り継がれている。

Column

② 猫、六義園に出没する

源頼義《よりよし》の子・義家《よしいえ》を祖とする河内《かわち》源氏と同じく、頼義の子・新羅三郎義光《しんらさぶろうよしみつ》を祖に持つ甲斐《かい》源氏は、本来同格といえただろう。が、源頼朝の弾圧により、甲斐源氏の棟梁・武田信義《たけだのぶよし》は失脚した。長男の忠頼《ただより》は暗殺されている。

信義の後継として、鎌倉御家人として生き延びた信光の子・一条信長《のぶなが》から連なる甲斐一条氏の庶流に、青木《あおき》氏がいる。この青木氏の分家が柳沢《やなぎさわ》氏である。戦国武将の武田家に仕え、五代将軍綱吉の側用人《そばようにん》として有名な柳沢吉保《よしやす》の代になって、甲府《こうふ》十五万石の藩主となった。安定した江戸期に入ってから、小納戸《こなんど》役という軽輩から大大名に出世した例は稀有である。

吉保は綱吉没後、すかさず隠居して政敵の逆襲をかわし、その後、柳沢氏は大和郡山《こおりやま》藩に転封とはなったものの、十五万石の身代は明治維新まで守り通した。その柳沢氏が三万坪に及ばんとする規模で造営したのが、都内の本駒込《ほんこまごめ》（東京都文京区）にある六義園《りくぎえん》である。

元は平地であったところに丘を造り池を掘って、人工の景勝の地とした庭園であったが、吉保の孫の信鴻《のぶとき》が隠居後に住もうと引っ越したときには、結構な荒廃ぶりであったらしい。信鴻は家臣らと共に汗を流して復興させ、死去する

六義園　東京都文京区

まで二十年余りを過ごした。その間の暮らしについて綴ったのが『宴遊日記《えんゆうにっき》』である。土いじり、街歩き、家臣をはじめ出入りの商人や客人・見物人との交流、果ては自身で脚本を書いて女たちに演じさせた家内歌舞伎についてなど、その日記の内容は多岐にわたり、貴重な記録となっている。

さて、東京ドーム二個分の広さを誇る六義園である。狐や狸など、さまざまな動物が出入りした。信鴻自身も狆の飼育や、迷い犬の保護をしている。もちろん、猫もいた。

安永三年（一七七四）は春先から、時折出没する黒猫に手を焼いた。最初に現れたのは五月で、深夜にすさまじい物音で目覚めると「烏《からす》猫《ねこ》」が寝間に入り込み鴨居《かもい》を走り回っていた。みんなで外に追い出したが、その後、日中に捕らえ、外に捨てさせた。しかし翌月、また寝間に入り込み、七月になってまた再来。天井に仔猫を産んでいるのを発見し、天板《てんいた》をはがして三匹を降ろし、母猫ともども人に託した。こういったことはわりとあり、そのたびに外に逃がしたり人にあげたりしている。もっとも、そのまま飼ったこともあった。安永七年五月には、家臣が見つけた仔猫三匹をそのまま飼わせた。

天明二年（一七八二）六月、長局に猫が出没していたが、鼠を捕らせるために飼うことにした。ただ、この猫はよその飼い猫であることが発覚、出入りの魚屋に届けさせたが、夕方になってまた現れたという。ありがちな話である。天明四年には、野良猫の仔猫が居ついてしまい、そのまま飼い猫になっている。

延宝元年（一六七三）に『湖月抄《こげつしょう》』という『源氏物語』の注釈書が出版された。これまでの注釈書と違い、本文を掲載したうえで注釈が書き込まれた画期的な一冊であり、『源氏物語』の大衆化を加速させた。この本の著者・北村季吟《きたむらきぎん》を幕府歌学方《かがくかた》として京都から招いたのが柳沢吉保である。吉保は季吟のパトロンとして、彼から古今伝授を受けたともいわれる。吉保の側室・正親町町子《おおぎまちまちこ》は吉保を当代の光源氏に見立て『松蔭日記《しょういんにっき》』を書いた。

季吟は松尾芭蕉の師でもある。六義園に住んだ吉保の孫・信鴻もまた俳句をよくし、米翁《べいおう》という俳号が有名である。『宴遊日記』中では俳句仲間についてすべて俳号で記し、まるでハンドルネームが氾濫するブログさながらなのだが、俳句仲間の松代《まつしろ》藩主・真田幸弘《さなだゆきひろ》から借りた百韻《ひゃくいん》から書き抜いた句に「猫の産屋　炬燵《こたつ》を出て遠からず」や「二度目の妻も同じ猫好き」などがみえる。この頃、侍女が仔猫をもらい受けて飼い始めている。

六義園で晩年の信鴻に添い遂げたのはお隆《たか》という側室であった。彼女が先に亡くなると、日記は急速に色あせる。光源氏の邸宅になぞらえ、「武蔵野《むさしの》の六条院」といわれた六義園もまた、女主人の死がその栄光の終焉であった。

3. 団十郎、猫になる
――山東京山・歌川国芳コンビの猫の草紙

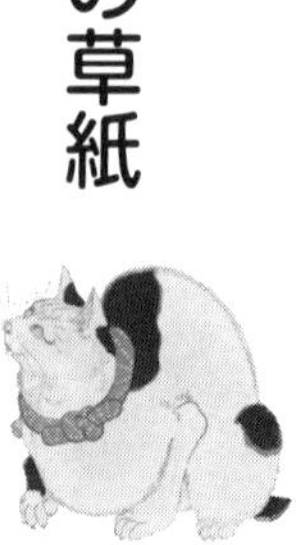

『南総里見八犬伝』が完結したその年、猫を主人公にした草双紙《くさぞうし》『朧月猫《おぼろづきねこ》の草紙《そうし》』が大ヒットした。画工は歌川国芳《うたがわくによし》、作者は山東京伝《さんとうきょうでん》の弟・京山《きょうざん》。猫好きコンビの仕掛けを検証する。

又たび屋おこまは初代紫若

主人公は鰹節問屋・又たび屋粉《こな》右《え》衛門《もん》宅の飼い猫「おこま」である。冒頭から凝っている。「近頃、耳が遠くなった」山東京山は、名医「みけ村にゃう庵」の治療を受けた。挿絵には、羽織を着て扇子を携え、傍らに煙管や刀を置いた猫が座っている。治癒した京山は、なんと猫の言葉がわかるようになり、だからこの物語は、実際に猫たちから聞きだしたものなのだ……というメタ設定なのである。

ページを繰ると、美しい平安の公達《きんだち》がおり、一条天皇や『枕草子』のトリビアが始まる。猫は古来より愛された存在であるのだと、猫好きに嬉しいくすぐりである。当時、柳亭種彦《りゅうていたねひこ》の『偐紫《にせむらさき》田舎《いなか》源氏《げんじ》』が、十年越しの大ヒット中であった。「源氏絵」が流行し、歌舞伎化もされ、便乗商品もあったらしい。江戸時代になって、一般読者向けに『おさな源氏』『若草《わかくさ》源氏』といったダイジェスト版も出版されており、王朝文化は思った以上に普及していた。

又たび屋一家の飼い猫三匹のうちの「おこま」が、みかん籠で出産するところから本編が始まる。隣家の「とら」が覗いていて、追い払おうとする丁稚《でっち》を下女がたしなめる。「とらは、おこまの〝おっこち〟ですよ」。おこまの彼氏なのである。

『朧月猫の草紙』 国立国会図書館蔵

夜、とらがおこまを訪ねてきた。これが顔こそ猫だが、すくっと立ち上がった着物姿。対するおこまも、胸乳もあらわな、おつな姿である。ねじり鉢巻きに尻はしょりのボス猫「くま」もやってきて、間男《まおとこ》とらに憤るが、米屋の「ゆき」に説得されて気持ちを収めた。最後はみんなで「しゃんしゃんしゃん」の手締め。
これ、実は猫たちの顔が、すべて人気役者の似顔絵なのである。その特徴や着物の紋で、当時の読者にはわかったのだ。おこまは初代・岩井紫若《いわいしじゃく》。とらは初代・沢村訥升《さわむらとっしょう》。くまは五代目海老蔵《えびぞう》（七代目団十郎《だんじゅうろう》）で、ゆきが十二代目・市村羽《いちむらう》左衛門《ざえもん》という配役であった。人間が一緒にいる場面では、猫は猫の姿である。だが場面によっては人間と同じ等身で、着物を着て手を引かれていたりもする。

しかも役者顔であっても、猫なのだ。大島弓子の人気漫画『綿の国星』では、諏訪野チビ猫はワンピース姿の少女に、猫の耳をつけていた。国芳が描く猫は、着物を着て人の動きをしていても、猫背や脚の描写から、猫は猫にしか見えない。

このあと、イケメン・八代目団十郎の顔をした「ぶち」にとらさんとの心中を止められ、おこまは新築のお屋敷（の縁の下）で所帯を持つべく思い直すが、屋敷に着いた途端「翁丸」という犬に追われ、二匹は生き別れになってしまう。おこまは下女に拾われ、やがて梅の井という女官の推薦で、今出川の姫君の御前にあがる。あれよあれよの玉の輿で、おこまは姫君の飼い猫になるのだ。

第二編では、おこまの出世ぶりが描写される。「このよにうつくしく、女ぶりのよくなりしをあのとらさんに見せたいものぢゃ」とおこまは呟くが、元は庶民（の猫）、美食でお腹をこわしてしまい、姫君の膝で粗相してしまった。あわれ、おこま。商い女に下げ渡された挙句、川にどぶん。この世の見納めと思いきや救出され、わが子「ふく」と涙の再会。このうえはとらさんと親子揃う日を夢見て、ひとつ鮑貝《あわびがい》のご飯を食べましょう……というところで「つづく」。

この初編二編は、天保十二年（一八四一）暮れに同時発売された。新年に合わせて新刊が並ぶのだ。津川眞弓氏の研究を元に、この草双紙のユニークさを探ってみよう。

猫がメディアをジャックする

作者の京山はこの草紙の予告を、兄の京伝急死直後（二十年以上前）に出していた。京伝・京山兄弟は仲が良かった。京伝も猫好きであったらしい。北尾政演《きたおまさのぶ》という絵師でもある京伝は天明四年（一七八四）、『新美人合自筆鏡《しんびじんあわせじひつかがみ》』にて、当時一世を風靡していた遊女・六代目瀬川《せがわ》の暮らしを大判で七枚描いた。それに瀬川自身が自筆を添えて絵本としたのだが、このなかで瀬川は花魁《おいらん》道中に猫を連れている。猫好き花魁としても有名だったのだ。

京山も「作者近況」に飼い猫を登場させている。『猫の草紙』は、そんな京山の長年の企画だったのだが、大ヒットの要因は何といっても、絵をつけた画工の歌川国芳である。国芳は馬琴の息子・宗《そう》伯《はく》と同い年である。国貞《くにさだ》と同じく初代豊国《とよくに》門下だが、十一歳年上の大スター国貞の陰で、長らく目が出なかった。しかし、馬琴の『傾城水滸伝《けいせいすいこでん》』ブームをキッカケにブレイクし、『通俗水滸伝豪傑百八人之一個《つうぞくすいこでんごうけつひゃくはちにんのいっこ》』シリーズの、彫物《ほりもの》を大胆に見せた男たちの絵などで大評判を取った。国芳、時に三十歳。宗伯がお路と結婚した年である。

しかし、役者絵の不評が草紙類の画工として致命的だった。当時、登場人物を役者の似顔絵で描くことが流行っていたのである。人気作品の仕事はまわってこず、馬琴のヒット作など北斎や豊国が持っていってしまう。国芳は修行と研究を続けた。

天保十二年（一八四一）三月、浅草寺で観世音菩薩の御開帳があり、芸人・菊川国丸《きくかわくにまる》が曲鞠芸《きょくまりげい》で評判を取った。国芳はその曲鞠を猫に演じさせ「猫の曲鞠絵」として売り出した。曲鞠自体が『武江年表』に「見物日毎に山をなせり」と記されたほどの人気であり、それを猫で再現した国芳の工夫は当たった。現在でも人気の一枚である。

その人気は波及して、夏には『種花蝶蝶色成秋《はなのちょうちょういろのできあき》』という芝居のなかで、二代目市川九蔵《いちかわくぞう》が猫の顔を描いた団扇を使い分け、猫の仕草を取り入れて舞う、一種のメディアミックスとなった。それに乗じて国芳も、すかさず「猫の百面相《ひゃくめんそう》」など、得意の団扇絵を猫でリリース。翌年、草双紙『花《はな》紅葉錦伊達傘《もみじにしきのだてがさ》』の序には、こう出た。

今世の中の流行は国丸が鞠国芳が猫に見立て百面相男の助の大當
（いま流行っているのは国丸の曲鞠と、国芳が猫に見立てた百面相絵で、大当たり中）

広重も乗った

実はこのブームには、安藤広重《あんどうひろしげ》も乗っている。『猫の曲鞠』の一年ほどのちの天保十三年（一八四二）四月、今度は深川八幡《ふかがわはちまん》（東京都江東区）で成田山《なりたさん》の御開帳があり、立てた杭の上を歩く『乱杭《らんぐい》渡り』が評判を呼んだ。

此節、深川八幡成田山開帳にて、浪花亀吉乱杭渡り大評判なり（「藤岡屋日記」）

六月から回向院《えこういん》でも披露されている。広重はこの杭を鰹節に見立て、ユーモラスな『猫の鰹節渡り

（にゃんぐい渡り）』を描いた。他にも渓斎英泉《けいさいえいせん》『美人東海道』シリーズの「大磯駅」の美女を、そのまま「猫の化粧図」と見立てた。たらいの水で行水する色っぽい美女が猫になる。この構図は国芳も「夏の猫美人たち」のなかに取り入れており、好評であったのだろう。同い年の広重と国芳が描いた二匹の「行水猫」を、見較べてみるのも一興である。

江戸の名物に今戸焼きの丸〆猫があるが、これが絵画になった最古の例も、広重の『浄《じょう》るり町繁《まちはん》花《か》の図』（嘉永五年〈一八五二〉）であるといわれている。また『名所江戸百景』の「浅草田甫《たんぼ》酉《あかね》の町詣」にいる、外を眺める白い短尾猫は超・有名だ。

「広重猫好き説」もある。那珂川《なかがわ》町馬頭《ばとう》広重美術館の学芸員・長井裕子氏が二〇一四年に発表した。三代目広重の『百猫画譜』に「故人一立斎広重が生前、猫を好みて家で数匹を飼い、猫の形象を写して貯えた」とあったのである。

この「一立斎広重」は従来、二代目のこととされてきたが、『百猫画譜』の猫二十点と、初代広重の『浮世画譜』にある猫二十四点は極めて似ている。二代目が広重を名乗った期間もごく短く、三代目は彼を押しのけるように襲名した。可能性としては小さくない。

京山と国芳がタッグを組んだのは、その空前の「猫ブーム」のさなかだった。草紙のなかで、魚柄の布団や鈴柄の帯といった細部の意匠まで、国芳は存分に腕を揮った。

二人にはアドバンテージもあった。京山の娘たちは大名家に奉公していた。とくに次女は長州毛利家で、藩主斉元《なりもと》の子女を産んだ。長女も柳本《やなぎもと》藩で中老《ちゅうろう》まで勤めあげている。貴人の奥向きデータには事欠かなかった。そもそも京山自身、叔母が丹波篠山《ささやま》藩青山《あおやま》家で藩主を産んだ女性であり、青山家の家臣筋の養子になったこともある。養子縁組解消後も、青山家とは交流が続いたという。

国芳は国芳で、相棒がいた。本業は尾張家御用達も勤める飼い葉問屋で、一流狂《きょう》歌《か》師《し》でもある梅《うめ》屋《や》鶴寿《かくじゅ》である。当時の人気狂歌師を紹介する『狂歌水滸伝《すいこでん》』は、挿絵でみな水滸伝の扮装をしているが、国芳は梅屋を彫物びっしり諸肌脱ぎの人気キャラ「九紋龍史進《くもんりゅうししん》」として描いている。

梅屋は役者たちにまで知られた芝居通だった。どの猫にどの役者を当て、いかに決めのポーズを取らせるか、アドバイスしたに違いない。初編にも名作『妹背山婦女庭訓《いもせやまおんなていきん》』のパロディがある。もちろん、役者顔の猫たちが本家と同じ衣装と振りで「演じ」た。

天保の改革を猫で切り抜ける

天保十三年（一八四二）六月、出版界は天保の改革という激震に襲われた。為永春水《ためながしゅんすい》などが手鎖の刑に処され、武家の柳亭種彦も注意を受け、種彦は七月に急死して『偐紫』は未完となった。役者絵や遊女絵、多色刷りなども禁じられ、役者絵が本分の国貞などは大打撃を受けた。歌舞伎界を見ても、前年十月に中村座《なかむらざ》と市村座《いちむらざ》が焼失している。

だが「役者画は一向売れ不申候」とまで書かれた国芳である。また京山も、兄や馬琴と違い、たとえば『五節句稚童講釈《ごせっくおさなこうしゃく》』という年中行事の絵本も出していた。平易な会話や生き生きしたキャラクターを生かし、新境地を開拓していたのである。このときの画工が国芳であった。役者顔を並べた草双紙ばかり手がけていなかったことは、二人の強みであった。

禁令の影響下、国芳は「猫の当字」シリーズなど、戯画と呼ばれる分野を発展させた。そして猫好きコンビは「たびたび催促されまして」と、『猫の草紙』の第三編を刊行した。表紙はモノクロで衣装も控えめになり、似顔絵もない。が、おこまととらの悲喜劇、狐姫の神通力を借りた「猫の敵討ち」など、新キャラクターの連打と波乱万丈の展開で続々刊行した。そのうちに水野忠邦《みずのただくに》が失脚。天保の改革は尻すぼみになっていった。

弘化三年（一八四六）の第五編で、フルカラーの表紙と役者の似顔絵がカムバックした。馬琴の『頼豪阿闍梨怪鼠伝』のモチーフを取り入れ、おこまは撫子姫《なでしこひめ》を狙う鼠の妖怪を敵にまわし、猫たちを率いて奮戦する。おこまが賜っていた金の首玉の行方を追う、歌舞伎お家芸の「家宝探し」も目玉だった。化け鼠と荒獅子の対決は『伽羅先代萩《めいぼくせんだいはぎ》』の仁木弾正《にっきだんじょう》そのものである。

しかも、おこまは妖怪退治の功で、撫子姫から「中老」という女官の格と「すべての尾のある者の上に立て」という新しい名「尾《お》の上《うえ》」を頂戴した。そして京山は巻末予告に「次は猫の草履打をご披露」と打ったのである。

「草履打」はご存じ『加賀見山旧錦絵《かがみやまこきょうのにしきえ》』屈指の名場面だ。お局さまの岩藤《いわふじ》が、中老の尾の上を草履で打ち据え、侍女の「お初《はつ》」が尾の上の仇を討つのである。芝居通はおこまが「尾の上」となり、「待ってました」と叫んだろう。果たして第六編では、又たび屋の娘が「お初」という小間使いを連れて奉公にあがった。一方、撫子姫は叔母上から「岩」という大きなぶち猫をもらう。

「尾の上が中老なら、岩ぶちは老女格じゃな」

再建された市村座では『初桜尾上以丸藤《おのえいわふじ》』という「鏡山《かがみやま》もの」がかかった。そこで国芳は「草履打」を含む芝居絵「流行《はやり》猫の戯《たわむれ》」シリーズを出し、京山が賛をつけた。こちらは国芳のテリトリーでのコラボである。当時再演したばかりの「狐忠信《きつねただのぶ》」まで再現して『猫の草紙』は第七編で完結した。

この「猫は役者が演じる」設定は綿密であった。刊行中に紫若が急死すると、おこま役は『初桜』で尾上を演じた十二代目市村羽左衛門《うざえもん》に替えられた。絵草子なのだから故人でもかまわないし、羽左衛門はすでに「ゆき」役で登場している。それでも彼に変更した意味は「これは芝居だ」という、作者二人の主張ではないだろうか。猫の悲劇も「お芝居」と思えば猫派の心は軽くなる。そして「猫はこんな忠義者ではない」というリアリスト層へも、格好の言い訳になる。

現在の国芳人気の一因は、猫だろう。しかし実は、『猫飼好五十三疋《みょうかいこう》』をはじめ、猫絵はこの時期に集中しているのである。しかも国芳は団扇絵や「鼠除けの猫絵」といった、多様な媒体でメディアミックス戦略を打った。

現代風にいえば「潜在的猫クラスタ」に向けて、異才二人は勝負をかけたのである。本文中でおこまが「作者京山も書いたとおり」と言うなど、メタフィクション要素もたっぷりな本作は、確信犯的作品であった。

馬琴よ、おまえもか

曲亭馬琴と京山は、兄・京伝や出版をめぐるトラブルから、有名な犬猿の仲であった。馬琴は自書と各方面への書簡のなかで、京山を罵倒しまくった。

馬琴と違い、京山は長州家の御用も務め、茶の師匠をし、父と兄の店を取り仕切ったうえで作家活動もこなすリアリストであった。長男の放蕩《ほうとう》に手は焼いたが、すぱっと勘当して長女に家督を継がせている。病弱な長男に悩み困窮しながら、一文《いちもん》にもならない文壇批評の辛口本を書き、鬱憤を晴らすような馬琴とは相容れなかった。

馬琴は友人に「京山抔《など》ハ、当春猫の合巻二編とやら三編とやら出版のよし聞え候」（京山などは、今年の春は猫の合巻の続編とやらを出版したよし仄聞している）と書き送り、「自分も頼まれれば子ども向けにも書くが、何しろギャラが高すぎて」などと自慢している。国芳についても「画才無候へバ、錦絵之外ハ大きニ劣り候。猫児狂の絵抔にて御合点可参る奉存候（画才もなく、錦絵以外はひどく落ちる。猫絵など描いているわけだ）」と罵った。

あるいは、息子を思う馬琴としては、同い年の国芳を認めがたかったのか。そのくせ馬琴もまた猫ブームに乗って、四十二年前の自著『猫児《ねこの》牝《つま》忠義《ちゅうぎの》合奏《つれびき》』を国芳を画工に再版したのである。

『猫の草紙』は、猫がお腹をこわして「びちびち」をしたり、知らん顔を「にゃあがばば」と言ったり、語尾を「にゃん」にしたり、仔猫のトイレを「ちいさくても砂をかけますよ」と目を細めたりと、現代に感覚も近く楽しい。

反面、鼠をがぶりと咥えるおこまの顔など迫力だ。似顔絵がなくても、猫の擬人化だけで勝負できた。国芳は手応えを感じたのか、『猫の草紙』完結後、柳下亭種員《たねかず》作で『大島台猫の嫁入』という絵本に画をつけた。お見合いから嫁入り、出産に至る「結婚」を子どもに紹介する「嫁入り本」は定番で、天明二年（一七八二）に恋川春町の絵で『猫の嫁入』、文化三年（一八〇六）には鳥居《とりい》清峯《きよみね》画の『朧月猫の嫁入』が出版されている。

『朧月猫の嫁入』　国立国会図書館蔵

鼻黒《はなぐろ》屋《や》虎《とら》右エ《え》門《もん》と女房おこまの娘猫・おたま（逸物猫と評判）は「女三の宮」という神社で、三毛田屋の白太郎とお見合いする。「まことに良いお猫ぶり」「この間まで糞《ふん》しの世話を焼かせた娘が嫁入か。俺たちが化けないのが不思議なくらいだ」「これからは夫婦仲良く、精出して鼠を取らっしゃい」

と、娘の嫁入りに上機嫌になった親たちが、のどをごろごろ鳴らして喜ぶのがおかしい。

猫を愛せし友よ

その後も、国芳の美人絵には猫が登場した。八代目団十郎の自殺には空前の数の「死絵」（追悼絵）が出たが、国芳バージョンでは、亡き団十郎の絵に泣きむせぶ女たちに、うつむいて顔を撫でる猫が寄り添った。梅屋は「女《め》猫まで袖になみだをふく牡丹　なくやひさごのつるの林に」と讃をつけた。

『黄金花猫目鬘』　国立国会図書館蔵

山東京山は米寿を超えてなお執筆を続け、安政五年（一八五八）に九十歳で逝った。お路、広重も同年に没しており、コレラが死因と思われる。国芳は、文久元年（一八六一）に没した。弟子が描いた追悼絵には、髑髏《どくろ》柄のどてらを着た国芳の後ろ姿と、猫が描かれた。梅屋は「ちる花に　猫預けけり　此ゆふべ」と寄せた。

国芳はいわゆる、べらんめえの勇み肌であった。自宅は弟子と猫で賑やかなものだったらしい。『浮世絵師歌川列伝』の国芳の章には、こうある。

国芳が猫を愛せしことは、よく人の知る所なり。関根只誠《しせい》氏曰く、国芳は愛猫の癖ありて、常に五、六頭の猫を飼いおきたり。採筆の時といえども、猶懐中に一、二頭の小猫を入れおき、時として懐中の小猫に物語して、きかせしことなどあり。一日最愛の大猫、家を出でて行く所をしらずなりし。国芳大に驚き人を四方に馳せて、百方探索せしが、終に知れず愁傷甚だ深かりしと。

（国芳の猫好きはよく知られている。関根只誠氏曰く、国芳は性来猫好きで、常に五、六匹の猫を飼っていた。絵を描く際も懐《ふところ》に仔猫を入れ、時には話しかけるなどしたという。ある日、大事にしていた大猫がいなくなり、国芳は驚いて八方探させたが、終に行方はわからず、大いに悲しんだ）

四歳年下の梅屋の賛は、国芳の絵を引き立て続けた。国芳の死後二年して、仮名垣魯文《かながきろぶん》が『朧月猫の草紙』をリメイクした。『朧月猫の草紙』の版木はすでに失われており、再販を望む声に『黄金花猫目鬘』と改題して出版したと記されている。

梅屋はまだ健在だった。彼が六十五歳で没したのは、国芳の死から四年後の元治二年（一八六五）の正月である。

友と同い年の享年であった。

Column

③殿様、猫を描く――プレミアムのついた新田猫

猫は、うまみのある題材である。浮世絵だけでなく、俵屋宗達《たわらやそうたつ》や、長沢芦雪《ながさわろせつ》や円山応挙まで、みな猫絵を描いている。女人と簾を描けば「女三の宮」、牡丹や蝶と描いて「長寿・富貴図」。おだやかに眠っている「睡猫図」というだけでもよかった。国芳はさらに、牡丹も蝶もなくただ上を見上げるポーズというだけで「鼠除けの猫」にしてしまった。どことなくほほえんだような表情は「富貴図」そのものなのだが。

この図は、猫の絵に妙を持し一勇斎《いちゆうさい》の写真
の図にして
これを家内に張りおく時には　ねずみもこれをみれば　おのずとおそれをなし
次第にすくなくなりて　出つることなし
たとへ出つるとも　いたずらをけっしてせず　まことに妙なる図なり

一勇斎国芳は「猫絵」では他の追随を許さず、彼の猫絵だからこそ、ねずみも一目置くと書かれたのである。現代の御札や御守と同じで、御利益を願う真剣な気持ちがあった。

「鼠除け猫絵師」なる者もいた。

明和・安永期（一七六四～一七八〇）に常州の「雲友」という男が「鼠除けの絵を描かん」と市中を売り歩いていたという（『武江年表』）。

さらに天明・寛政期（一七八一〜一八〇一）にも「白仙《はくせん》」という老僧が、猫や虎の絵を描き歩いていたと大田南畝が『半日閑話』に書いている。続く文化年間には曲亭馬琴が「近属江戸《ちかごろ》にて猫の画か丶んと呼びあるきて、生活《なりはひ》としたるものありし」と『燕石雑志』に書いている。

白仙は雲友の「二番煎じ」だと『武江年表』は分析している。馬琴が書いたのは白仙か、三番煎じか。いずれにせよ、市中を呼び歩く猫絵師がいつもいたのだ。その声を聞いて「描いてもらおうかな」と思う人びとが少なからずいたのだろう。

そういった猫絵のなかで、もっともプレミアムがついたのが、岩松《いわまつ》氏の殿様が描いた猫絵であった。

岩松氏は八幡太郎《はちまんたろう》義家の子・義国《よしくに》の家系である。その孫・義兼《よしかね》の子孫が、かの新田義貞《にったよしさだ》だ。

義兼の娘は足利義純《よしずみ》に嫁いだ。足利氏もまた義国を祖とし、源頼朝の縁者でもあった。義純とのあいだに時兼《ときかね》を儲けたが、その後、母子ともども義絶された。義純が北条時政の娘を娶るためであった。

このため、時兼は母の所領である新田荘岩松郷を継ぎ、岩松氏は足利氏一門ではあるが新田氏という稀有な家となった。徳川家の祖は、義兼の兄弟とされている。

江戸期まで生き延びた岩松氏は、新田宗家《そうけ》として敬われる家となったが、格式の高さが仇になり、禄高は百二十石と極少であるのに、参勤交代せねばならなかった。

それでも、この殿様は尋常な存在ではなかった。江戸時代、鼠の害は新田一族の祟りという俗説があり、たとえば義貞の子・義宗《よしむね》を守り本尊とする薬王寺《やくおうじ》（埼玉県所沢市）には『鼠薬師如来縁起』がある、と伝わる。鼠の害は過去の新田一族の怒りなのだから、本尊として祈れば「遠近の農民願ひを掛るもの、不思議に鼠の愁《うれい》をまぬかる」という寸法なのである。

そこで珍重されたのが、殿様自ら描いた猫絵「新田猫」であった。

新田猫絵　新田徳純画　群馬県立歴史博物館蔵

新田猫絵　新田道純画　群馬県立歴史博物館蔵

岩松氏はなにも、猫絵専門ではない。弘法大《こうぼうだい》師《し》・観音《かんのん》・大黒天《だいこくてん》など、さまざまな要求に応え、殿様がたとえ絵が下手と自覚していても、「よんどころなく認め遣わす」と書き残している。民がそれぞれ功徳《くどく》を求めてのことで、岩松家にとっては生活の糧であった。

しかし養蚕業が発展し

た江戸後期になり、遠方からの依頼も含め、猫絵の注文が急増した。徳純《よしずみ》は一か月の善光寺《ぜんこうじ》（長野市）行きの間に、なんと九十六枚もの猫絵を描いたという。それどころか「新田徳純筆法」と銘打って真似る帰舟居士《きしゅうこじ》なる絵師まで現れる始末だった。

徳川家は岩松氏が新田を名乗るのを禁じた。「新田」の霊力は別格であった。岩松氏の草履は狐憑きを解消し、秘法の灸治《きゅうじ》を持ち、病除けのお札を下し、おさがりの膳や箸はご利益をもたらし、衣服の切れ端まで珍重された。俊純《としずみ》は幼児を踏むという呪術まで行っていたという。岩松氏は絵にだけは「新田」と署名した。

その名を背負う猫が夜な夜な走って鼠を追ったとしても、不思議ではあるまい。

伊藤克枝氏によれば、歌川芳員《よしかず》の「蚕やしなひ草」シリーズには「新田殿の　猫はるおこの一間かな」という歌が添えられたものがあるという。「おこ（蚕）の一間」すなわち鼠害が大敵である「養蚕」の現場に新田殿の猫が貼ってある。描いた芳員は幕末から明治期にかけて活躍した絵師であるので、新田家最後の大名・俊純の代だろう。

俊純は「義貞の勤王の義」を継いで官軍につき、維新後は男爵となって岩松から新田姓に復した。彼の猫絵は海外に輸出される蚕紙に添えられ海を渡り、バロン・キャットと呼ばれたそうである。

4. 猫、秘蔵される——江戸の飼い猫ライフ

二〇一三年になり、山東京山の『朧月猫の草紙』（以下、『朧月』）は、国芳が描いたすべての絵も含めて全文が『おこまの大冒険』（訳著：金子信久）として復刊された。現代語訳や解説もあり、猫や江戸文化ファンに嬉しい力作であると同時に、当時の猫文化の絶好の資料でもある。この一冊と、猫の俳句や落語などから、江戸時代の猫ライフというものを組み立ててみるとしよう。

江戸時代、飼い猫のことは「秘蔵の猫」といった。秘蔵の猫の暮らし、一挙公開である。

新年から春へ——猫の恋

元日や　置どころなき　猫の五器　（竹戸）

猫用の食器といえば「鮑貝《あわびがい》」である。鮑は「五器貝《ごきがい》」とも呼ばれ、人も使っていた時期があったが、いつしか猫の皿といえば鮑になった。もちろん、普通の器を使ってもかまわない。

古典落語の『猫の皿』は、浮世草子『子孫大黒柱』にある「爪かくす猫の食器」などを元にした噺といわれる。草子では道具屋の後家の飼い猫は「ふるき唐津《からつ》の茶碗」を使っていた。落語では「絵高

麗の梅鉢」となり、より高価になった。当時、新年には新たに恵方棚《えほうだな》を設えたが、猫はこうである。

とぶ工夫　猫がしにけり　恵方棚

元旦といっても猫にはわからない。初春は猫の恋の季節である。寒い夜に猫に騒がれたり、戻らない猫にやきもきしたり、「猫の恋」は飼い主にとって悩みどきであった。

元日や　闇《くら》いうちから　猫の恋（一茶）
出て三日　人ならいかに　猫のこひ《（恋）》（貞佐）
死んだかと　おもへば戻る　男猫哉（五明）
まとふ《（全人）》どな　犬ふみつけて　猫の恋（芭蕉）

とはいえ、自然のことなので、騒げば出してやるしかない。飼い主は祈りながらも見送るのだった。

門番が　あけてやりけり　猫の恋（一茶）
戸を開けて　放ちやりけり　猫の恋（加舎白雄）

うんざりしてこう言ってしまうこともある。

よいとこが　あれば帰るな　うかれ猫（一茶）
うかれ猫　どの面さげて　又来たぞ（一茶）

ちなみに牝猫でも、出歩くことはある。こんな目に合って帰る猫もいたらしい。

どこでやら　眉書かれたる　女猫哉（五明）

一匹で出ていったのに、カップルで帰ってくる強者もいた。

連れて来て　飯喰せけり　女猫哉　（一茶）

猫の出入りには、現代見かける猫用出入り口「キャットドア」と同様の工夫もあった。障子の一角だけ貼らないでおいたり、めくれるようにしておくなどだが、気軽に壁に穴を開けてしまうことも多かったようである。「猫くぐり」などと呼ばれた。

恋猫や　恐れ入たる　這入《はいり》口　（一茶）

また、「猫間障子」という建築様式がある。障子の下方に小さな障子を嵌め込み、その部分だけ開け閉めできるようになっている。現代ではここにガラスを嵌め込むが、江戸時代には猫が出入りできるキャットドアとして機能していたという。

とはいえ、「春の猫」には、有名どころにも名句が多い。

猫の恋　やむとき閨《ねや》の　朧月　（芭蕉）

ねこの子の　くんづほぐれつ　胡蝶哉　（其角）

なれも恋　猫に伽羅《きゃら》たいて　うかれけり　（嵐雪）

猫逃げて　梅ゆすりけり　朧月　（池西言水）

猫の出産

飼い猫の出産が近づくと、みかん籠などを納戸や物陰に置いた。人前で出産したがらない猫に産屋をつくってやろうという心がけであろう。昭和になって三島由紀夫は、飼い猫のお産に慌てて柳行李《やなぎごうり》のフタを持ってきて、毛布を詰めて用意したという。

『朧月』はおこまがみかん籠で出産するシーンから始まっている。

押入の　猫のうぶ屋の　ねこの児は　目もあかなくに　親の声しる　（香取秀真）

猫の悪阻《つわり》を気遣った俳句もある。猫も人間と同様、食べなくなる時期があり、やがていつもの倍も食べるようになる。食べ物の好みも変わり、妊娠期間だけ生肉を好む猫もいる。

いつくしむ　猫のつはりや　物思ひ　（三宅嘯山）

現代では猫のお産は季節を問わなくなってきているが、この頃は年に二回、春と秋だった。一度に数匹産むものの、鼠捕りという任務があるので、つねに仔猫を求める人はおり、案外、貰い手は見つかったようだ。生まれた猫を譲るタイミングは、体重が百匁を超えることが目安だった。『朧月』にも「百匁になるまで」というセリフがある。これは貝原益軒《かいばらえきけん》の著した百科事典『大和本草』にも明記されている。

猫児母ヲ離レ他處ニ遣ハスニ　其重サ百匁アレハ不乳生育スト云

（猫の仔を母猫から離してよそにやるには、体重が百匁あれば母乳でなくても育つという）

同時期に大坂の医師・寺島良安《てらしまりょうあん》が事典『和漢三才図会《わかんさんさいずえ》』に「一ヶ月半を過ぎると仔猫の重さは十両ぐらいになり、こうなれば乳を離れて育つ」と書いている。十両は百匁なので『大和本草』の内容とも符合する。この「一ヶ月半で百匁（三百七十五グラム）」というのは、現代の飼育書などに鑑みてもほぼ正確だ。馬琴宅でも、仔猫が生まれて四十日ほどで里子に出している。知識が行き渡っていたのだろう。

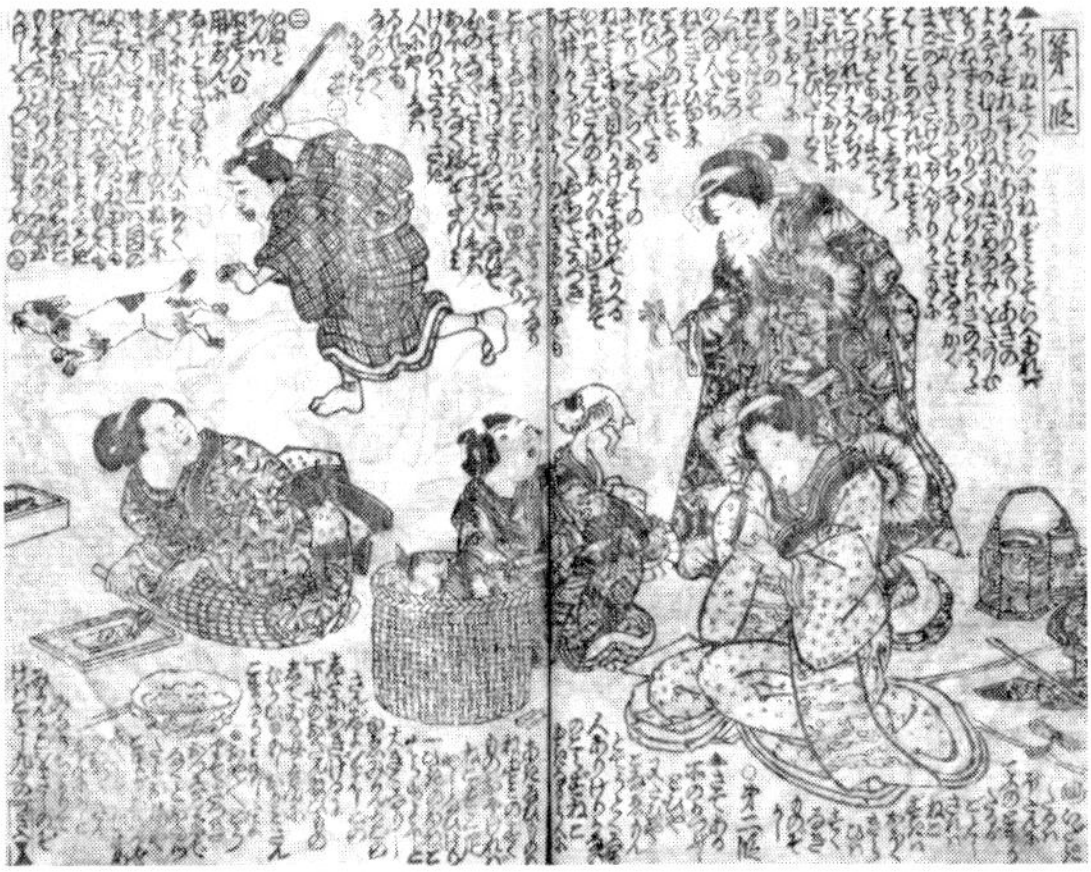

『朧月猫の草紙』に描かれた猫の出産　国立国会図書館蔵

百匁はちゃんと測っていたようである。

猫の子や　秤にかかりつつ　じゃれる　（一茶）

桃の門　猫を秤に　かける也　（一茶）

猫入れて　百目をためす　頭巾かな　（東梢）

牡牝のどちらが欲しいか、どんな毛柄がいいかは貰い手の希望もある。鼠捕りは牝猫のほうが得意とか、虎柄はあまり鼠を捕らないとか、そういった蘊蓄《うんちく》も参考にして、選り好みしたようである。

あれこれと　猫の子を選《え》る　さまざまに　（俳諧選集『曠野《あらの》』より）

馬琴宅の孫・おさち（お路の娘）は、隣家に迷い猫を「貰いたい」と申し出たが、すぐさま差し上げましょうというのを「やっぱり実際に見てから」と躊躇《ちゅうちょ》している。後日「赤白雑毛」の牝猫を貰ったが、おさちは「黒白雑毛」が欲しかったらしい。清少納言と同じ好みといえようか。しかもこの猫は牡猫と判明、だがせっかく貰ったのだから、と、糞し（猫トイレ）を拵えて、支度をしたのだった。

あげるほうにも悩むものがあった。歌川国芳の錦絵『時世粧菊揃《いまようきくそろい》』シリーズには「こどもがあるかときく」という一枚がある。画中の文には「もらはるる先を案じる親心　これも子故にまよふ雉子猫」とあり、美人が仔猫を胸に抱き、振り向いて何かを問う図である。美人の膝元には、母猫のお乳を吸っている仔猫たちがいる。

仔猫がもらわれていく先に小さな子がいるか、案じているのである。仔猫がおもちゃにされてしまわないか心配なのだ。『朧月』でも、おこまが娘のふくと再会して「おまえはよい家にいる」と慰める言葉に「こどもはなし」という点を挙げている。

猫の風呂

姫君の飼い猫となったおこまは毎日清められているが、一般の猫もときどき洗われたらしい。とくに、冬どきに竈《かまど》で灰まみれになる猫も多かったので、春は猫洗いの季節でもあった。「灰毛猫」とは文字通り灰色の毛柄というほかに、暖を求めて火の落ちた竈にもぐりこみ、灰だらけになった猫を指すこともあった。「へげねこ」などと読む。洗って干されるままに居眠りする猫も風物詩であったろう。
一茶は日向ぼっこをする猫の句にも傑作が多い。

紅梅に　ほしておく也　洗ひ猫
猫洗ふ　ざぶざぶ川や　春の雨
陽炎《かげろう》や　縁からころり　寝ぼけ猫
陽炎に　くいくい猫の　鼾《いびき》かな
寝て起きて　大欠伸《おおあくび》して　猫の恋

なお「猫の蚤《のみ》取り」という珍商売もあった。山東京伝・曲亭馬琴ともに、この職業について書き記している。彼らの記述によれば、まず猫に湯をかけて洗い、濡れたまま狼《おおかみ》の皮に包むと蚤は濡れた体を嫌い、包んだ皮のほうに移るという仕組みであったらしい。京伝によれば一匹三文であったそうだ（『骨董集《こっとうしゅう》』）。いつの間にか廃れたらしく、それについて馬琴は「工夫はさることなれど、かくまでに猫を愛するもの多からねばや。これも長くは行われず」と感想を述べたのであった（『燕石雑志』）。

季節を共に

猫と暮らした一茶の句で夏から冬をたどる。

虫干しに　猫も干されて　居たりけり

（当時、虫干しは大仕事だった。衣や寝具だけでなく、書籍なども干した）

御袋は　猫をも連れて　ちのわ哉

（夏越《なごし》の祓《はらえ》で行われる厄除け行事「茅《ち》の輪《わ》くぐり」と思われる。おとなしい老猫などを抱いて出かけたものか）

初雪を　着て戻りけり　秘蔵猫

（初物を味わうことは、貴重な季節の楽しみ方であった。日記などを読むと、初雪、初ホトトギスなど、きちんとおさえていることが多い。猫もひと役である）

雪ちるや　夜の戸をかく　秘蔵猫

（雪の日に出かけて帰る猫に付き合う飼い主もたいへんである）

煤竹《すすたけ》へ　ころころ猫は　ざれにけり

（年越しには煤竹で大掃除をする。『仮名手本忠臣蔵《かなでほんちゅうしんぐら》』の外伝『松浦《まつうら》の太鼓《たいこ》』で大高源吾《おおたかげんご》が煤竹売りに身をやつす場面は有名である）

ごろにゃんと猫も並ぶや衣配《きぬくばり》

（衣配は年末行事で、正月用の衣装を目下の者に配る習わし）

相ばんに猫も並ぶや薬喰

（冬は、滋養のために肉食を楽しむことがあり「薬喰《くすりぐい》」といった。鳥類以外の、四つ足の獣の肉を指す。

猫には冬の祭りといったところか)

ひな棚に　ちょんと直りし　小猫哉
大猫も　同坐している　雛《ひいな》哉
(大猫だろうが小猫だろうが、雛壇には上がってみるようである)

なお、猫といえば火燵《こたつ》だが、火燵は囲炉裏《いろり》の上に櫓を組んで、布団をかけたのが始まりといわれる。江戸時代になり、箱型の移動可能な火燵が普及した。温源は炭団《たどん》である。今と違って天板がなく、中の箱も小さく狭いので、猫はもっぱら火燵の上に乗って暖まることが多かったようである。歌川国政《くにまさ》が描いた「娘と猫」が有名である。火燵の上の白猫を微笑みながら見つめる美人の髷は、猫と同じ赤い布で結ばれている。

うかれ出る　猫や火燵も　閉ぎ時　(中川乙田)

猫の食

鰹節をかけたご飯、いわゆる「猫まんま」が定番であった。肉食が一般的でないので、タンパク質は魚である。『猫の草子』で高僧が猫に「殺生を諦めたら、鰹魚を混ぜ、時には田作りや鯡《にしん》、乾鮭などを与えよう」と提案している。このとき問答した猫は、鼠はわれわれの食だ、と強く主張した。

鼠を食べ候へば、無病にして飛び歩くこと、鳥にも劣るまじきと存じ候ふなりそして鼠食は猫自身が捕ったときだけでなく、捕えた鼠を近くの猫に与えることも多かった。馬琴宅のお路の日記を見ると、しばしば隣人が鼠を持って訪れている。

山本氏内儀、昨夜鼠を取おさへられ候由ニて持参、此方猫ニ被贈《おくらる》（嘉永三年〈一八五〇〉七月）

今朝大次郎殿鼠持参、仁助江被贈之（嘉永五年九月）

仁助《にすけ》に贈らる、とあるので、仁助ちゃんにどうぞ、といって持ってきたのだろう。枡落としなどで捕らえた鼠と思われるが、どういう風に持参したのか、興味がそそられる。

なお、やはり幕末期、世界地図の作成に心血を注いだ佐渡の医者・柴田収蔵《しばたしゅうぞう》の日記にも「小斎之押入より鼠之子を取て猫に与ふ」（嘉永三年一月）とある。鼠を捕えたからには猫にというのは、地方を問わず一般的な感覚であったようだ。もっとも収蔵は鼠を竹で突き殺したりもしているので、時と場合にはよった。

猫の寝床

うなぎ笊《ざる》など、笊が一般的であったらしい。田舎では囲炉裏の傍に特等席があったことも多かった。また、現代でも人気の「つぐら」もあった。

初雪や　猫がつら出す　つぐらから（一茶）

飼い主と一緒に寝る猫も現代と同様にいた。『朧月』には、まるで「おっこち（恋人）」のように猫を抱いて寝る娘が登場している。なお、今戸焼などの小さな行火《あんか》のことを「ねこ」と呼ぶこともあった。お路は知人に「火入猫」を譲っている。「猫の代り」という意味で名付けられたのだろう。とすればやはり、猫で暖を取る人も多かったのだ。

猫といへる火桶を抱きて
此猫はしろかねにてはあらがねの土一升の江戸今戸焼（大田南畝）

『朧月』では「猫が火入猫を抱えてくつろぐ」というメタ場面が登場していた。

『朧月猫の草紙』に描かれた猫のトイレ　国立国会図書館蔵

猫のトイレ

箱に砂を敷いたトイレは一般的であった。『朧月』でもしっかりと描かれている。猫の排泄行為は「糞し」といい、転じて猫トイレや、トイレのしつけをそう呼ぶこともあった。明治二十二年（一八八九）生まれの内田百閒《うちだひゃっけん》は、夫婦の会話で「ふんし箱」と言っている。

平安時代より、貴人のトイレとしておまるや櫃に砂を敷いて用いる風習があるので、その応用である。もちろん、屋外に出てすることも多く、町中では縁の下が絶好であったらしい。『朧月』では新築の屋敷のまっさらな縁の下を見て、おこまが「こんなところを糞しに使うなんて」と躊躇している。

猫トイレの箱には硯のふたなどを用いた。また、箸を使って始末していたようである。

猫のキャリーケース

頻繁に猫の貸し借りをしているが、いったいどのように運んだものだろうか。途中で逃げてしまっては、貸主・借主どちらにも迷惑だろう。『朧月』では、おこまとともに駆け落ちを勧めた「ぶち」が、大工の飼い猫であった。彼が「毎日、自分も飯籠に入れられて普請先に行って」と呟く場面がある。「飯籠」とはおそらく、炊いたご飯を詰めたお櫃などの「保温用つぐら」ではないだろうか。蓋がついた籠状のもので、現代でも猫つぐらの販売元などで見かける。つぐらは本来、農作業中などの際に子どもや赤ん坊を入れておくものであった。

猫のトラブル

もっとも多かったのは近隣とのトラブルだろう。馬琴宅の猫・仁助は嘉永六年（一八五三）二月十九日、夜中になって、首から両手にかけて木綿の真田紐《さなだひも》（もしくは二枚糸のちりめん紐）で縛られながら、ようよう帰宅した。鋏《はさみ》で切ってやって胸を撫で下ろしたが、お路は「大方ハ魚類或は鳥抔銜《とりなどつれ》去《さ》りし咎《とが》なるべし（たぶん魚か鳥を取ったので懲らしめられたのだろう）」と記している。仁助はこの紐を噛み切って、どうにか脱出したらしかった。

また、厳格で神経質な馬琴は、隣家の猫に困らされたことがあった。天保二年（一八三一）七月に、子鼠を追いかけて猫が天井裏に上がってしまった。いったいどこから出入りしたのか羽目を崩したり塞いだりと、息子宗伯も巻き込んで大騒ぎをしている。馬琴は隣家とのいがみ合いをたびたび日記に記しているが、犬小屋が馬琴宅の出入口にはみ出しているだの、犬が塀を破っただのと、ペット関連も多かった。

また『柴田収蔵日記《しばたしゅうぞうにっき》』には、飼っていたチャボを猫に食べられてしまった事件が記されている。ただ彼は、どうせなら美味しくいただいてしまおう、と、その骨を料理に使ったようだ。他にも「居間の窓の障子を猫が破る」ので、割った竹を嵌めて猫除けの工夫をこらしている。そういう彼自身も猫は飼っていた。

慶応四年八月、在京していた宇和島《うわじま》藩の伊達宗徳《むねのり》日記には、夜半に猫二匹が宿舎内で追いかけっこを始め、兵舎に飛び込み、大騒ぎになったとある。捕まえることはできなかったようだ。

時には深刻なトラブルもあった。寛政の改革を行った松平定信《さだのぶ》の家臣に水野為長《ためなが》という人物がいる。定信のために世俗の情報を集め、その風聞書が『よしの冊子』と呼ばれて残った。このなかに「黒田《くろだ》鶴松《つるまつ》の家老」のこととして猫の話が記録されている。

この家老の「秘蔵の猫」が、留守居宅の「肴」を盗んだので、家来が何気なく猫の頭を叩いた。するとと打ちどころが悪かったのか、猫が死んでしまったのである。家老は激怒して、留守居に家来を寄こせと迫ったらしい。留守居から出奔して逃げろと諭されたものの家来は納得せず、家老宅に出頭した。家老は手討ちにすべく庭に通したが、家来はその暇を与えず家老を切り殺して逃げ去った。家老は大馬鹿者だと謗《そし》られたそうである。

猫の医療

『朧月』には猫飼いに役立つ豆知識がちりばめられていて、それによると、まず泥鰌《どじょう》と鯡《にしん》が猫の万能薬である。本編で、おこまがお腹をこわした際に「泥鰌か鯡を下されば」と言っているので、胃腸薬として有効と思われていたのだろう。滋養強壮剤としてマタタビの効能も知られていた。

猫の腰が抜けたら尻尾と背中の間に灸を据えるという療治もあった。

かくれ屋や　猫にもすへる　二日灸　（一茶）

猫にカラス貝を食べさせると耳が落ちる、というトピックも記されている。鮑も同様で、事実である。猫の耳は皮膚が薄く、光線過敏症に罹りやすい。カラス貝などの肝臓を食べ、その中の化学物質が耳にたどり着いて紫外線に当たると炎症を起こすのだ。掻き壊して耳のひらひらした部分が取れてしまうと「耳が落ちた」ように見えたのだろう。

『和漢三才図会』（一七一二年）にはこれらが書かれていて、民間にも広まっていた。猫薬としては、胡椒《こしょう》の粉末を水で丸めて丸薬にすると、猫は辛味に苦しむがよく癒え「甚だ神効がある」そうだ。おみちも試している。カラス貝についても「試したら本当であった」と書かれていた。

また、馬琴は『燕石雑志』のなかで「治病猫」という項を設け、「凡《およ》そ猫は鉄を忌《いむ》ものなり。魚骨を飯に和《あわせ》て餌とて、常に鉄火箸をもてすれば、その猫瘦て命短し」と書いている。そして具合が悪いときは吐くから「銅杓子《どうしゃくし》を削て」魚肉に混ぜて与えればよい、とあるが、根拠は定かではない。

猫薬として何より推奨されたのが「烏薬《うやく》」である。『本草綱目《ほんぞうこうもく》』（一五九六年）にすでに記されており、『和漢三才図会』でも勧めている。一九六七年、烏薬について今泉実兵氏が実際に猫に用いてみている。この頃、烏薬も散剤に加工され、用いやすくなっていた。氏は『朧月』についても触れているので、興味を持っておられたのだろう。

烏薬は樟《くすのき》科の「天台烏薬」の根の部分で、享保年間から輸入された。今泉氏の研究では中国医学辞典にも「犬猫の疾病に用いる」とあるとのことで、すぐに犬猫への効能も伝えられたのであろう。『本草綱目』には烏薬について「中気《ちゅうき》、脚気《かっけ》、疝気《せんき》、気厥《きけつ》、腫張《しゅちょう》、喘息《ぜんそく》、小便頻類及び白濁を止める」とあり、効能としては興奮作用あるいは鎮静作用が記されているそうである。

今泉氏は二年間に約百頭余について本剤を応用し、口内炎・胃炎・胃腸カタル・肺炎・伝染性腸炎・自家中毒・栄養失調などについて、西洋薬と併用し、効果を見たそうである。ではなぜ、烏薬は民間の猫治療薬として衰退したか。それについては「煎剤《せんざい》は飲ませやすいものではなく、西洋薬の方が簡便であったからではないか」と推察されている。

烏薬は猫に、たしかに有効であったのである。のちに『獣医畜産新報』に報告された。

猫と暮らす

『朧月』には「一つ釜の飯を食ひ、人の家にて子を産み、人と同じ火燵に当たり、人に抱かれて寝る時もある」猫のことを「およそ獣で猫ほど人に近きはあらじ」と綴っている。

家根の声　見たばかり也　不性猫
しばられて　鼾かく也　うかれ猫
不性猫　きゝ耳立てて　又眠る

恋の季節にうるさい猫が、それでも不精して家でのらくらしている。出かけないように紐でつなぎ、騒いでいたのに今は大イビキをかいている。周りの音に耳だけ動かして、結局寝こけている。共に暮らし、悩まされながらも親しく観察しているからこそ、詠める猫の姿だろう。

鼠を捕る使命はあったにせよ、それは猫の、ほんの一面のことであった。

Column

④猫、涅槃図に現る

「涅槃図《ねはんず》には猫がいない」

このトリビアは、江戸時代からすでに有名であったらしい。

天明期あたりまで「江戸両国の回向院門前」というと、隠し女郎屋を意味した。金一分で買う「金猫」、銀二朱であれば「銀猫」。それゆえ「回向院ばかり涅槃に猫も見え」と揶揄されたそうだ。

なぜ涅槃図に猫がいないかは、よくわかっていない。釈迦の時代のインドに猫がいなかったからではないか（京都国立博物館保存修理指導室長・大原嘉豊氏談『京都新聞』二〇一六年三月十日）という説。あるいは「危篤のお釈迦さまに薬を運ぶ鼠を、猫に邪魔させないため」「猫の殺生の罪によるため」など諸説ある。寛政期の南町奉行・根岸鎮衛《ねぎししずもり》は随筆『耳袋《みみぶくろ》』に「猫がとくに薄情というわけでもない。仏が仲間外れを推奨するのもどうだろうか」と書き残している。

涅槃図には生きものがひしめいている。猫の見つけ方としては、絵の中心付近に「左に象、右に牛、それを底辺とした三角形の頂点に獅子」という構図が見いだせた場合、九割以上、その近辺に猫が描かれているという（『知っておきたい涅槃図絵解きガイド』）。この代表的な例が東《とう》

寺院	場所	詳細
東善寺	群馬県高崎市	小栗上野介の菩提寺。茶猫。
佛日寺	大阪府池田市	麻田藩青木家菩提寺。太田牛一の墓がある。 開基・青木重兼と檀徒の寄贈（寛文４年）か。虎猫。
青岸寺	滋賀県米原市	室町期の佐々木道誉が開基。虎猫。
正蓮寺	奈良県橿原市	通常は大日堂（重文）にレプリカを展示。 延享期に寄贈か。白地に青みのある黒い斑猫。
龍光寺	三重県鈴鹿市	臨済宗東福寺派。同じ兆殿司作で、16畳の広さがあるという。年に一度の「寝釈迦まつり」が有名。虎猫。
林性寺	三重県津市	天正期創建。榊原家菩提寺。兆殿司作。 2.6メートル×2.5メートル。白灰色猫。
浄土院	大阪府枚方市	正和２年（1313）に播磨法眼隆賢ほか３人の絵師による作成、奥書がある。虎猫長尾。

本文紹介以外で猫がいる涅槃図の一覧（一部紹介。各地にまだまだある）

福寺《ふくじ》（京都市東山区）の吉山明兆《きつさんみんちょう》（兆殿司《ちょうでんす》）作の涅槃図である。応永十五年（一四〇八）の作といわれている。

この「兆殿司モデル」のほか、時代によっていくつか人気の構図があったようだ。今後、研究が進めば興味深い事実がたくさん見つかると思われる。「猫がいる涅槃図」はたいへん希少という報道をされがちなのだが、実はけっこうな数の猫入り涅槃図があるのである。猫の毛柄はさまざまだ。

涅槃図は年に一度、釈迦入滅の日に公開されることが一般的である。猫入り涅槃図を目当てに「ご開帳」に駆け付ける者は、江戸時代からいたらしい。大型版が多い涅槃図は、公開も大変だった。明治五年（一八七二）の大塚護国寺《おおつかごこくじ》（東京都文京区）の観世音開帳の際、かの有名な「百帖敷の猫曼荼羅」（大涅槃図）も公開されたが、これは長さ十三間（約二四メートル）、幅も四間半（約八メートル）ある超特大版である。このために仮屋を設けたが二間ほど天井にはみ出し、畳にも一間はみ出していた（『武江年表』）。

都内で有名なのは増上寺《ぞうじょうじ》（東京都港区）である。大きさ五・三×三・五メートルの、こちらも大型版。寛永元年（一六二四）、徳川家康の側室のお夏《なつ》の方《かた》の寄進という。狩野芳崖《ほうがい》画で、白黒のブチ猫がいる。

昭和になって作成された涅槃図もある。北鎌倉の東慶寺《とうけいじ》にある涅槃図は、仏教学者の鈴木大《すずきだい》拙《せつ》が残した版木から刷られたものといわれる。茶トラ猫がいる。東慶寺は開山が安達義景《あだちよしかげ》。盛《もり》長《なが》の孫で、母は北条時房の娘である。豊臣秀頼の娘・天秀尼《てんしゅうに》が千姫《せんひめ》の養女として二十世住持となった寺として知られている。なお、「かなねこ」で有名な称名寺の涅槃図にも猫がいるそうである。

京都では、一条天皇の勅許で、母后・東三条院（詮子）の離宮跡に建てられたとされる真如《しんにょ》堂《どう》（京都市左京区）の涅槃図に、猫はいる。ここは豪商・三井《みつい》家の菩提寺で、大きさ六・二メートル×四・五メートルの大涅槃図は、宝永六年（一七〇九）に三井家の女性たちの依頼で作成された。描かれた生きものは百二十七種と本邦最多であるらしい。白地に淡い茶のぶち猫がうずくまっている。

そして京都三大涅槃図といわれるのが東福寺、泉涌寺《せんにゅうじ》（京都市東山区）、本法寺《ほんぽうじ》（京都市上京区）所蔵のものである。なんとそのうち二枚に猫がいる。本法寺は長谷川等伯《はせがわとうはく》作である。

表装も含めれば一〇×六メートルという超巨大版。猫がいるだけでなく、コリーらしき洋犬が描かれていることが知られている。長谷川等伯一門は猫入り涅槃図派であるのか、故郷の石川県七尾市には、長壽寺《ちょうじゅじ》や本延寺《ほんねんじ》に猫がいる涅槃図がある。構図はほぼ同じなので、流派によるものか。

そして、もっとも有名な「猫入り涅槃図」は前述の東福寺のものだろう。「製作中、たびたび絵の具を運んでくれた猫を画僧・明兆（兆殿司）が憐れみ涅槃図に描き加えた」と伝わる。一二×六メートル。猫は象の足元で香箱をつくっていて、茶白である。

東福寺の開基は九条道家。兼実の孫で、母は源頼朝の妹である。狂歌師の大田南畝は享和年間に京都滞在時、この涅槃図を見に来たが、何しろ大きな絵なので巻き物を全部開きされておらず、下のほうは見えなかったらしい。なんとそこには付け札がしてあって「此下に猫あり」と書かれていたそうである。

涅槃図には立体像もある。香川県高松市の法《ほう》然寺《ねんじ》にある釈迦涅槃像は、三仏堂《さんぶつどう》に横たわっており、それを立体の動物たちが囲んでいるのだ。猫は白地に黒マントのバットマン系である。高松松平家の菩提寺であり、水戸光圀《みとみつくに》の実兄である初代藩主頼重《よりしげ》は、これらの像の製作のため（例によって）左甚五郎を招聘したと伝わる。しかし、寛文十年（一六七〇）頃の建造と思われるので、日光の大増替からでも三〇年以上たっている。ほんとうだとしたら、最晩年の作だろう。

また、総刺繍製の涅槃図というものもある。近世初期に流行したらしい。有名なのは京都市右京区にある天龍寺《てんりゅうじ》の「八相大涅槃図」だ。足利尊氏開基の名刹だが、禁門《きんもん》の変で伽藍が焼失した。涅槃図は四・三五×三・三七メートルの大きさで、右端に猫がいる。

縫い手に謂《いわ》れがあることもある。新潟県柏崎市にある極楽寺《ごくらくじ》には、総刺繍の二つの曼荼羅「観経」「涅槃像」がある。かつてこの寺で修行をし、小田原に行った単瑞《たんずい》上人が、師匠の単誉《たんよ》上人のためにひと針ずつ縫ったもので、単瑞亡きあと、極楽寺からの願いで小田原から柏崎まで運ばれたと伝わる。取り計らったのは、当時の桑名《くわな》藩主の松平定信で、柏崎は桑名藩の飛び地であった。

この「涅槃像」にも猫が縫い込まれている。製作の間に現れた猫が「自分も入れてほしい」と願ったという伝説がある。

三重県鳥羽市にある西念寺《さいねんじ》の総刺繍涅槃図は、藩主・内藤忠勝《ないとうただかつ》が都の縫師に誂《あつらえ》させ、延宝六年（一六七八）に寄進したといわれる。父や祖父の戒名も縫いこまれている。猫は二匹いる。寄進の二年後、内藤忠勝は増上寺の法要で、永井尚長《ながいなおなが》を刺殺し、切腹となって、内藤家は断絶した。

忠勝の姉が播州赤穂《あこう》（兵庫県赤穂市）の浅野《あさの》長友《ながとも》に嫁ぎ、長矩《ながのり》・長広《ながひろ》を産んでいる。長矩が江戸城で刃傷事件を起こすのは、その二十一年後のことであった。

5. 猫、坊ちゃんになる
——ふたりの女傑と愛猫たち

九重《ここのえ》の奥で「姫」と呼ばれた猫も、下町の「坊ちゃん」にかなわないかもしれなかった。幕末から明治にかけて家を支えたふたりの女傑は、共に猫好きで知られていた。

大奥の「サト姫」

三田村鳶魚《みたむらえんぎょ》の『御殿女中の研究』に、天璋院《てんしょういん》に仕えた女官の聞き書が収められている。猫掛りも勤めた彼女によると、天璋院には飼い猫の掛りが三人いた。本来は、狆が好きであったらしい。ただ、夫である将軍徳川家定《いえさだ》が動物を好まず、とくに犬を嫌ったので、代わりに猫を飼った。お渡りの際は隠しておいたそうだ。最初は「ミチ姫」を飼ったが亡くなってしまい、次に御中臈《おちゅうろう》から仔猫を貰い受け「サト姫」と名づけたという。

大奥《おおおく》特有の問題は、まず精進日の扱いだった。江戸末期ともなると、カレンダーは歴代の将軍や御《み》台所《だいどころ》の忌日ばかりである。精進日はお膳に魚類が上らないので、年間二十五両ほどかけて猫用に泥鰌・鰹節などを用意した。泥鰌は猫に良いとされていた魚である。江戸市中では、生きたまま煮る泥鰌鍋が繁盛していたが、主に男性向けであった。サト姫は、黒塗りの猫用お膳を誂《あつら》えてもらい、その上に瀬戸物の鮑貝の器を載せて食べた。天璋院のお下がりをいただくこともあった。貴人一人のために何人分も用意するので、女官たちも「お下」をいただく。猫もそれに連なったのだろう。

寝床は、「管籠」に中幅の板締縮緬《いたじめちりめん》の布団を敷いたものだった。中幅とは布地の幅で、四十五センチメートルほどの幅を指す。江戸後期に「紅板締め」という染色方法が盛んになり、襦袢《じゅばん》や裾除《すそよけ》など女性の下着によく用いられた。赤い可憐な文様であり、猫の布団になるとかわいらしいだろう。もっとも、天璋院の布団の裾で寝ることもあったらしい。紅絹の平紐でつくった首輪は一か月ごとに交換した。「首玉」は銀の鈴である。このあたり、『朧月猫の草紙』を彷彿とさせる。

女官たちの部屋（お三の間）などに来てしまったときは「お間違いお間違い」と声をかけて戻したというが、ちゃっかり食事中に来てお相伴などしたらしい。悩みは繁殖期で、庭に出てしまうから「表方」という男の役人に捕まえてもらう。「おサトさんおサトさん」と呼ばわっているのを、その響きがおかしいと女官たちは陰で笑ったそうである。

粗相したときは洗ったり香を焚いたりと、やはりおこまと同じような騒ぎがあった。生き物なら当たり前だ。

なお、飼い猫ではない猫が江戸城に紛れ込んだ場合、捕まえて佃島《つくだじま》（東京都中央区）に放されていたらしい。奥坊主小道具役の業務日誌『言贈帳《いいおくりちょう》』の弘化四年（一八四七）の記録には、大奥で捕獲され、佃島に送られた黒猫がいる。蛇や鼠も生きたまま他所に逃がした。

「サト姫」は、十六年生きたそうである。

毎年、仔猫が生まれると、ほうぼうに貰われていった。「先方によっては大変な支度をしました」ということなので、江戸住まいの大名宅や、重臣のところに行ったのではないか。引き取り手一覧が残っていたら、さぞ興味深いことだろう。

この記録の語り手自身、仔猫をいただいたことがあったが、大したお支度ではなかったそうだ。鉢盛二杯、布団と管籠、おもちゃなどであったという。

しかし十六年というと、現代でもまずまず長生きの部類である。家定没年である安政五年（一八五八）から飼われていたとしても、幕府瓦解の年を超えてしまう。どんな柄であったかわからないのが残念だが、サト姫は天璋院と共に、江戸城明け渡しを見届け、千駄ヶ谷《せんだがや》（東京都新宿区）の徳川宗家邸まで、明治維新期を生き延びたのではないだろうか。なお、サト姫の移動の際は、よく磨いた竹でできた管籠に入れ、長持《ながもち》で運んだそうである。

猫絵の明治維新

天璋院篤姫《あつひめ》は千駄ヶ谷の徳川宗家邸で、明治十六年（一八八三）に没した。三年後、月岡芳年《つきおかよしとし》が新聞連載の「近世人物誌」で天璋院を描いた。「仁愛の御心年頃畜馴し玉へる猫にまで及ぼせり」と記され、しろくろの猫が描かれたが、それを見たかつての女官は「お姿が謡本《うたいぼん》をお持ちで、お傍に猫がいることだけは正しい」と、絵そのものについては否定的であったという。「近世人物誌」には、篤姫の養父・近衛《このえ》忠熙《ただひろ》に仕えた「近衛家の老女村岡《むらおか》」の絵もある。この村岡の局も、教育係だった幾島《いくしま》も、維新三傑や皇女和宮《かずのみや》もすでに故人であった。

篤姫の墓所　東京都台東区・寛永寺境内

月岡芳年は国芳の弟子の一人である。明治二十一年の『寛政年間処女之風俗三十二相』の「うるささう」などは、今も猫好きに人気がある。国芳の弟子には芳幾《よしいく》など、猫絵を得意とした絵師もいた。芳年と共に明治画壇を牽引したのが、小林清親《きよちか》や小林永濯《えいたく》である。永濯は日本橋の魚問屋の息子で、親は国芳か豊国のどちらに入門させるか迷ったが、今さら浮世絵かと狩野派の弟子にしたという。芳年とも交流があった。

この頃、「徽宗《きそう》皇帝の猫図」という北宋《ほくそう》のラストエンペラーが描いた猫絵のオマージュが流行し、永濯も、前足のパウを翳る猫の絵を描いている。この流行の代表作が菱田春草の「徽宗猫図摸本」や竹内栖鳳《たけうちせいほう》の「斑猫」だろう。岸田劉生《きしだりゅうせい》にも同様の絵がある。

永濯の画友であり、国芳に弟子入りしたあと狩野派に学び、国

猫塔記念碑　東京都台東区・永久寺境内

内より海外で名を馳せたのが、河鍋暁斎《かわなべぎょうさい》である。国芳に入門したのはまだ六歳という幼少期で、彼は当時の国芳宅の様子を絵に残している。国芳が猫を懐に、弟子や家族に囲まれ、賑やかに絵を描き教えている図である。

暁斎にも猫絵は多く、暁斎バージョンの『鳥獣戯画』も描いている。赤い衣を着て尾が二本ある大猫が、狸と共に描かれた「猫又と狸」は有名だ。また『武四郎涅槃《たけしろうねはん》図《ず》』（北海道人樹下午睡図）には三毛猫が描き込まれた。自らの飼い猫であったともいう。娘の暁翠《ばんすい》にも「猫と遊ぶ二美人」という愛らしい絵があり、これは暁斎が下絵を描いたと伝えられている。

なお、三代目国貞も明治十一年、『魯文珍報《ろぶんちんぽう》』に「百猫画譜」を載せている。幕末の猫絵ブームを堪能した猫好きは、引き続き楽しんだことだろう。この年、戯作者の仮名垣魯文《かながきろぶん》が、自ら集めた膨大な猫グッズ・猫アートなどを展示した書画会を両国で開催した。会場は当時、イベント会場としては東京最大の中村楼《なかむらろう》で、「珍猫百覧会」と題し、緋鹿《ひが》の子の首輪と鈴をあしらった大看板を掲げ、旗に猫の顔の印を染め抜いて並べた。三遊亭円朝《さんゆうていえんちょう》が新作「猫の草紙」を演じたとも伝わる。

詰めかけた来会者は二千人、なかには芳年や三代目広重といったビッグネームもおり、二千五百円ほどの収納金を得た。河竹黙阿弥《かわたけもくあみ》らが後援となり、菊五郎《きくごろう》や小団次《こだんじ》が門弟を引き連れ訪れたのも話題となった。

芳年や暁斎が「最後の浮世絵師」なら、魯文は「最後の戯作者」であった。その魯文に「竹島の山猫」二頭を贈ったのが、榎本武揚《えのもとたけあき》である。

『猫の歴史と奇話』によると明治十四年に死んでしまい、魯文は谷中永久寺《やなかえいきゅうじ》に「山猫めを《（夫婦）》登塚」を建てた。碑文は福地桜痴《ふくちおうち》、本堂に掲げた写生図を描いたのは月岡芳年という。当時、榎本は海軍卿で、明治十三年に軍艦天城《あまぎ》で朝鮮東海岸海域を調査しているので、このときに連れ帰ったものだろうか。

山猫めを登塚　東京都台東区・永久寺境内

なお、この塚の隣は「猫塔記念碑」。石塔の穴の部分から中を覗くと眠り猫が見えるという芸の細かさである。境内には魯文本人の墓や、猫の顔を彫りこみ成島柳北《なるしまりゅうほく》の撰文を刻んだ「猫塚碑」もあって、盛り沢山だ。一説には、これらの費用のために書画会を開催したともいう。

谷中には瑞輪寺《ずいりんじ》に河鍋暁斎、そして谷中霊園に徳川慶喜《よしのぶ》・渋沢栄一《しぶさわえいいち》の墓がある。

猫をめぐる豪華な顔ぶれ

天璋院は晩年、徳川家達《いえさと》の成長を楽しみに過ごした。家達は明治十年（一八七七）から英国留学し、フランスやイタリアも歴訪した。その間に天璋院らが主導して、近衛泰子《やすこ》（忠熙の孫）との縁談がまとまる。天璋院の要請で明治十五年（一八八二）に家達は帰国し、泰子と結婚した。それを見届け、天璋院は世を去ったのである。

家達は華族令により公爵となり、明治二十年（一八八七）、徳川宗家邸に明治天皇を迎えた。徳川家への行幸は後水尾《ごみずのお》天皇以来、ほぼ二五〇年ぶりである。その際、当時四歳だった家正《いえまさ》に「毛植えの虎」、当時一歳の乳児だった松子《まつこ》に「毛植えの猫」が下賜された。元祖ぬいぐるみのプレゼントである。ちなみに、虎は瞳の光彩が糸状の「猫型」「応挙流」、猫はしろくろで金目、赤い袋紐をつけた「枕草子流」であった。明治天皇自身が猫飼いであったかは不明だが、幼い頃を詠んだ御製《ぎょせい》が残っている。

猫の子を　ひざにおきつつ　ふみよみし　をさな心も　ゆめとなりにき

毛植え人形といえば、弘前市立博物館におもしろいボードゲームが残っている。なめらかな黒漆の盤面にくっきりとした金の蒔絵で線が引かれた「十六武蔵」である。明治頃まで遊ばれていたオセロやチェスのようなゲームなのだが、これは駒を毛植えの猫と鼠で誂えているのである。

文化庁運営の「文化遺産オンライン」に登録された十六武蔵はこの一つのみ。明治二年に津軽承《つがるつぐ》昭《あきら》の継室となった近衛尹子《ただこ》が、京都で誂えたものという。尹子は、前述の近衛忠熙の実子である。

大政奉還《たいせいほうかん》後、大名の正室は国元で暮らすこととなり、弘前に赴くにあたってメイドイン都製品を多く携えたのかもしれない。

明治二十二年（一八八九）に東海道線が静岡を通り、維新以来静岡にいた徳川慶喜は電車で松戸《まつど》（千葉県松戸市）の弟・昭武《あきたけ》を訪問した。なお、慶喜は家達に生計を後見をされていた。趣味でカメラに熱中し、彼が写した「静岡猫ハン」が残っている。本邦最古の「愛猫近影」ではないだろうか。

河竹の「太郎猫」

幕末というと政治史ばかり語られるが、文化史としても見どころ満載の時期である。歌舞伎では何といっても、河竹黙阿弥の全盛期であった。天璋院は勝海舟《かつかいしゅう》に連れられ芝居見物もしたというが、あるいは観たこともあったのではないか。

「月も朧に白魚の」の『三人吉三《さんにんきちさ》廓《くるわ》初買《のはつがい》』は安政七年（一八六〇）、「知らざぁ言ってきかせやしょう」の『青砥稿《あおとぞうし》花紅彩画《はなのにしきえ》』は文久二年（一八六二）の作である。このとき弁天小僧を演じた五代目菊五郎《きくごろう》は、『朧月』で二代目おこまとなった十二代目羽左衛門の子である。

黙阿弥は明治維新後も『梅雨小袖昔八丈《つゆこそでむかしはちじょう》』（髪結新三《かみゆいしんざ》）や『極付幡随長兵衛《きわめつきばんずいちょうべえ》』などの傑作を書き、第一人者であり続けた。明治四年（一八七一）に断髪が奨励されると『水天宮利生深川《すいてんぐうめぐみのふかがわ》』のような「散切物《ざんぎりもの》」も書いた。上演した劇場は千歳座《ちとせざ》（現・明治座）である。

黙阿弥も、愛猫家であった。明治十六年（一八八三）の『新皿屋鋪月雨暈《しんさらやしきつきのあまがさ》』（魚屋宗五郎《さかなやそうごろう》）では、登場人物おつたの飼い猫が筋書きの一端を担った（猫の人形が活躍するため現在でも話題になる）。文久二年の『勧善懲悪覗機関《かんぜんちょうあくのぞきからくり》』では、死んだ女房おそよに別れをさせるために、亭主が飼い猫を懐に入れてくる。それを見て「猫を死人に近づけると、死人が動く」と注意されたが「猫で生き返るならそれでもいいいぐらいだ」と言うのがおもしろい。そして「にゃんまみだぶつ、にゃんまみだぶつ」と念仏を唱えるが、これは『朧月猫の草紙』でも登場した猫念仏であった。

黙阿弥は子年生まれで、鼠も可愛がった。鼠を獲らないよう猫を躾け、猫ご飯の残りを鼠が食べることもあった。正月には鼠のために、小さなお供えさえ作ったそうだ。鼠の飼育書も出回っていた。まず白鼠が流行り、珍しい毛色をつくることも流行した。『武江年表』には明和年間末期に「白鼠上方《かみがた》より流行り来る。初めは眼の色赤かりしが、後には黒きもの来る」とある。紛《まが》い物もいたらしい。寛政七年（一七九六）出版の随筆『譚海《たんかい》』には「五色の鼠は白鼠を染たる物也」とある。

馬琴もそうだが、多種のペットを飼う動物好きは、わりと存在したようだ。鼠の仔を育てる猫もときどきいた。『武江年表』嘉永五年（一八五二）の項に、自分の仔と一緒に鼠に乳をあげる飼い猫のニュースがある。『譚海』には狆に預けられた仔猫も出てくる。生後まもなく母猫が死に、狆は嫌がったがやがて馴れ、ちゃんと育てた。ただ、高所に登らない猫に育ち「狆の性をあやかりけるにやとぞ」と心配された。

松平定信に仕えていた駒井乗邨《こまいのりむら》は、子猫と鶴のヒナを一緒に育てた経験について『鶯宿日記《おうしゅくにっき》』に記している。鶴を獲ろうとする都度、子猫を叱りつけて躾けたら、一緒に食事するほどに馴れたという。

黙阿弥がとくに可愛がったのが、爪先まで全身真っ黒の「まことの烏猫」であった。太郎という牡猫で、子犬ほどの大きさがあった。

黙阿弥の娘の糸女によれば、鰹節をかけた猫まんまなど食べたこともなかったらしい。魚は本場ものしか口にせず、出入りの魚屋は「河竹に魚をやるなら場違いのものはダメだよ。太郎猫に嫌われると外聞が悪い」と、とくに注意していたそうだ。

この糸女もまた、大変な「猫クラスタ」であった。彼女は長男を差し置いて父の期待を一身に受け、結局、河竹家の家督を継いで守り抜いた女傑である。馬琴が没し、『朧月猫の草紙』が完結した直後の嘉永三年（一八五〇）の生まれで、大正まで生きた。生涯独身を貫いた。馬琴の勧善懲悪ぶりを全否定した坪内逍遥《つぼうちしょうよう》は河竹家と縁が深く、彼の推薦で家のために養子の繁俊《しげとし》を迎えた。その次男・登志夫《としお》氏が母に取材し、資料や思い出を整理して刊行した『作者の家　黙阿弥以後の人びと』が、猫資料として興味深い。

本所の「坊ちゃん」

明治十九年（一八八六）に太郎猫が没した後も、猫は飼っていたらしい。大正六年（一九一七）、繁俊の嫁のおみつが河竹家に来た翌晩のことである。女中が「坊ちゃんお帰んなさい」と言うので振り向いたら、なんと大きな猫であった。名前を「くう」といった。濃い灰色の縞が見事な、虎のような毛並みの牡猫である。変わった名前なのは、人間とかぶらないためだったという。

猫用の出入り口から帰宅し「足を拭け」と啼いて知らせたところだった。女中が「こんなにあんよを汚して」と足を拭いてあげるのを見て、おみつは仰天したそうだ。

おみつは猫嫌いだったが、実家には鼠捕りの猫がいた。座敷にも入れてもらえなかった彼らに比べて「くう」は、まるで御曹司のようだったと回想している。

読むほどに、なるほど筋金入りの御曹司扱いである。お気に入りの食事はアサリ飯。繁俊が毎日、アサリ売りから新鮮なのを買ってきて、おみつが煮てやる。大きいのは半分にちぎり、盛ったご飯によそって汁をかけてやると、専用のお膳できちんと座って食べた。何度も食べるので面倒で仕方なかったそうだ。

河竹家の食事にアサリと豆腐汁が多かったのは、猫のためだった。他に大根とナマリの汁もよく出て、ナマリのいい部分は「くう」が食べ、皮と血合は人間が食べた。生魚も毎日一度は与えていた。

夜遊びから帰り、蚊帳に入ってくる「くう」をおみつが叱ると繁俊がなだめ、アサリ飯を手ずからつくってあげていた。繁俊は養子であるが、黙阿弥と同様に動物好きだったのである。寝床は猫らしくウナギ笊であったが、メリンス製の猫布団を作ってもらっていた。しかも、掛け布団は半分めくってあり、入りやすいようにしていたという。

これはもう「サト姫」以上の扱いではないか。おみつが「実家の猫は鼠捕りのためだった」と話したら、糸女は「お前のところは、猫を愛さない人たちなんだね」と断じたそうである。繁俊の長女・寿美子《すみこ》が幼少期、猫と遊びたさにヒゲを引っ張ったりしていたのを、糸女は虐めていると解して寿美子を疎んだとさえ伝わっている。

「くう」は、大正十二年（一九二三）の関東大震災のときいなくなったという。糸女はすでに癌で闘病中であった。父・黙阿弥の狂言もかかった東京歌舞伎座は漏電で全焼しており、再建しつつあったところで再び失われた。父の残した資料などもすべて焼失した。

猫もいなくなり、本所の家が灰になった失意の中で、糸女は翌年他界した。おみつが猫嫌いのため、次の猫を飼うのは遠慮していたという。自らの子どもを持たなかった彼女にとって「坊っちゃん」は「くう」であった。

Column

⑤そして、黒猫が来た

明治以降は猫記録も豊富に残っている。最後に「黒猫」について記そう。

浅草中の魚屋に一日置かれた「河竹の太郎猫」が没したのは明治十九年（一八八六）一月二日、月岡芳年が天璋院篤姫を描いた年である。河竹家の菩提寺（源通寺《げんつうじ》・東京都中野区）に葬られ、糸女のはからいで「河竹黙阿弥愛猫塚」が建てられた。源通寺はその後、中野に移転したが、碑は今も現存しており、黙阿弥も糸女もこの寺に眠る。碑には糸女の自筆で「十九年わずか二日の初夢を　見果てぬ猫の名も太郎月」と刻まれた。

この頃、帝大に入るべく刻苦勉励していたのが夏目漱石である。彼は「猫に牡丹図」のある近江屋《おうみや》で、坂本龍馬《さかもとりょうま》が暗殺された年の生まれである。『吾輩は猫である』（以下、吾輩）を書いたのは四十歳を前にした、明治三十八年（一九〇五）であった。前年に夏目家に現れた一匹の烏猫がきっかけであったものらしい。

黒猫は、もともと日本では「福猫」であった。夏目家の猫は爪やひげまでが黒い、太郎猫と同じ「まことの烏猫」で、鏡子《きょうこ》夫人がうっとうしがるのを出入りの按摩師に「福猫だから、お家が繁盛します」と宥められ、漱石も置きたそうなものだから飼い始めたそうだ。

福は来た。漱石は『吾輩』によってブレイクを果たす。

明治四十一年（一九〇八）に猫が亡くなると、漱石は猫塚に「此の下に　稲妻起る宵あらん」と記した墓標を立て、毎年弟子たちと猫の法事を営んだものである。また、知人らに死亡通知を出した。それだけでなく、「東京朝日新聞」

河竹黙阿弥の愛猫太郎の塚　東京都中野区・源通寺境内

紙上でも報じられたのである（『万年筆』欄）。前年、東京朝日新聞社に入社した漱石は紙上で『三四郎』を連載中であった。

日本最古の猫の訃報ではなかったか。熊本の第五高等学校と帝大で漱石に師事した野《の》間《ま》真綱《まさつな》は、かつて漱石邸の常連であり、猫とも昵懇であった。『吾輩』の登場人物・越《お》智《ち》東風《こち》さんのモデルの一人といわれている。その後、鹿児島で英語教師をしていたが、新聞を読み「あの猫が時々小生のひざに乗ったことを思ひ出し可愛そうなことをしたと思ひ候」と、漱石に書き送っている。

ちなみに漱石は『三四郎』のなかで柳《やなぎ》家《や》小《こ》さんを絶賛するほどの小さんファンだったが、『猫久』『猫の災難』などの演目は小さんの十八番であった。

猫塚　『吾輩は猫である』の猫の墓と思われがちだが、これは夏目漱石が没後、遺族が家で飼っていた犬や猫、小鳥の供養のために建てたものである。空襲の際に損害を受けたが、その残欠を再利用し、昭和28年（1953）の漱石の命日に復元された

猫嫌いの鏡子夫人は、その後も烏猫に限って探しては飼っていたという。大正五年（一九一六）に漱石は没したが、烏猫の十三回忌には九重塔も建てた。今も漱石公園に残っている。

また黒猫は、労咳《ろうがい》（肺結核）にも良いといわれていた。「青白い娘のそばに黒い猫」や「労咳の座ると膝に目が二つ」といった川柳が伝わる。とはいえ、慶応四年（一八六八）に労咳で病死した沖田総司《おきたそうじ》が、臨終間際に黒猫を斬ろうとして斬れなかったというのは作家・子母澤寛《しもざわかん》の創作であろう。

そして、アメリカから一匹の烏猫が渡来した。エドガー・アラン・ポーの『黒猫』である。ポーは、推理小説黎明期における代表的作家のひとりである。『黒猫（The Black Cat）』は天保十四年（一八四三）に発表された。『朧月猫の草紙』が前年から刊行され、国芳が「猫の当て字」シリーズなどを描いていた頃である。

非常に鮮烈なイメージのあるこの短編は、日本では明治二十年（一八八七）には早くも意訳が紹介され、二十六年に正式に内田魯庵《うちだろあん》が翻訳した。『吾輩』同様、カタリナというポーの飼い猫がモデルとして伝わっている。

　内田魯庵は『吾輩』出版後の漱石に「Merry New Year Greetings」という、猫が描かれた英国製カードを送っている。こののち、西洋文化の到来とともに、日本でも黒猫の迷信が知られるようになった。沖田らが仕えた松平容保《かたもり》は『黒猫』翻訳の年に世を去っており、その弟の桑名藩主・定敬《さだたか》が没したのは、夏目家の烏猫死去の二か月前であった。幕末に名を馳せた「高《たか》須《す》四兄弟」は、そして誰もいなくなり、永倉新《ながくらしん》八《ぱち》と斎藤一《さいとうはじめ》は、その六年後に生涯を閉じた。

　明治四十三年、最晩年の菱田春草が「黒き猫」を発表した。現在、春草作でもっとも有名であり、ニッポンの黒猫のイメージとして定着しているのがこの猫だろう。対する西洋の黒猫で有名なものが『ルドルフ・サリスの「ル・シャ・ノワール」の巡業』である。明治期にパリにあったキャバレー「ル・シャ・ノワール（黒猫）」の宣伝ポスターだ。このキャバレーについて日本で展覧会が打たれるのは、平成になってからである。

　不吉といわれることもありながら、その独特な美しさで、黒猫は世界を魅了し続けている。令和三年（二〇二一）、細川家永青文庫は所蔵の文化財修理プロジェクトを実施したが、菱田春草の「黒き猫」は看板猫として先頭に立ち、目標一千万円のところ、約一千五百万円集めた。

　なお、春草は「黒き猫」を描いた翌年、三十七歳の若さで没した。

　ということで、宇多天皇の黒猫から千年ばかり隔てた「黒猫の黒船」で、本章の〆猫とする。猫一同で、しゃんしゃんしゃん。

あとがき――坂本龍馬の絶命を目撃した猫の親子

最後に余録をひとくさり。

たいへん有名な歴史上の惨劇に居合わせた猫の親子である。

幕末も押し詰まった慶応三年（一八六七）十一月十五日夜、洛中河原町の土佐藩邸の目の前にある醬油商近江屋に捕り方が乱入した。その二階には土佐脱藩士で海援隊の隊長である坂本龍馬と、その盟友で、ひそかに訪ねてきた陸援隊の隊長中岡慎太郎が話し込んでいる最中だった。

捕り方は見廻組の与頭《くみがしら》佐々木只三郎率いる七人だった。見廻組は幕府の警察組織で、ずっと龍馬を血眼になって追っており、密偵をつかってついに居所を突き止めたのである。

七人のうちの一人、今井信郎の二年後の供述によると、桂隼之助ら三人が二階に上がり、龍馬の下僕の藤吉を斬り、さらに奥の間に進んで龍馬と慎太郎を格闘の末に斬ったという（『兵部省口書』）。龍馬はほぼ即死だった。慎太郎は瀕死の重傷で二日間は息があったが、十七日に絶命した。これが史上名高い近江屋事件である。

近江屋の殺害現場には二人の遺品がいくつかあった。有名なのが血染めの掛軸（板倉槐堂筆の「梅椿図」）、龍馬の差料だった陸奥守吉行の大刀、龍馬が着用していた羽二重の紋服、そして書画貼交屏風などである。これらは近江屋主人の井口新助からのちに京都国立博物館に寄贈された。

　このうち、一双の書画貼交屏風が興味深い。多様な絵画や筆跡・短冊などが貼り込んである。そのなかには狩野探幽の「富嶽図」や赤穂浪士の一人、間《はざま》十《じゅう》次郎《じろう》の書状などが貼り付けてあり、美術的、歴史的な価値も高い。

書画貼交屏風　京都国立博物館蔵　出典：ColBase（https://colbase.nich.go.jp/collection_items/kyohaku/A%E7%94%B253?locale=ja）

屏風の左隻下部には牡丹の大輪の下に猫の親子二匹が描かれている。そしてその周辺には多くの血痕が今も鮮やかに残っている。その飛沫はじつに五十三滴もあるという（西尾秋風・一九八二）。血痕は牡丹の下部の茎や葉、親猫の臀部や子猫の尻尾あたりにはっきりと見て取れる。この絵の作者は不明だが、猫の親子は龍馬か慎太郎の血飛沫を浴びながら、龍馬が絶命した瞬間の目撃者でもあったのである。

牡丹と猫は富貴と長寿を表象する画題だといわれる。しかし、皮肉なことに龍馬は三十三歳、慎太郎は三十歳という若さで生涯を閉じたのである。

＊　　＊　　＊

この度、六年前に上梓した前著（『猫の日本史』）が増補再刊という形で生まれ変わった。しかもかなりアップデートしている。

思えば、前著は発刊すると好評で、ほどなく重版になり、どこまで売れ行きが伸びるか楽しみにしていたところ、突然版元が廃業してしまい、心ならずも絶版になってしまった。そのため、大変残念で悔しい思いをしていた。その後、古書のネット販売では、定価の数倍の値段が付けられて売買されているのを見て、多くの読者に届けられなかったことに申し訳ない気持ちで一杯だった。

そうした不完全燃焼の思いでいたところ、昨年、戎光祥出版株式会社からのお声掛かりで増補再刊することになった。素直にうれしい気持ちで一杯になった。

今回の再刊では、私は自分の狭い専門分野（戦国・織豊期）を若干補足しただけだが、共著者の吉門裕さんは前著よりさらに力を入れて大幅に増補してくれており、見所が一層増している。

もともと、前著は吉門さんの存在なしには誕生しなかった。最初執筆依頼を受けたとき、吉門さんとの共著ならという条件で引き受けたいきさつがある。吉門さんは国文学が専門だっただけでなく、ペットや動物の生態や歴史について博覧強記といってもよいほど頼れる相方である。そして最後に、面倒な編集を担当していただいた同社の石渡洋平さんに謝意を述べたい。

日本史では、犬と比べて猫の史料は残りにくい。それでも、二千数百年前の弥生時代から現代まで、猫はずっと人間に寄り添ってきた。たとえ前近代社会とはいえ、現代と同様に猫を身近な家族の一員として愛してくれる人々がたしかに存在したことを、本書でも明らかにできたと思う。愛猫家の一人として、そんな猫と人の交流の歴史を伝えられるのはうれしいし、また多くの読者にもそれを感じていただけるなら、これ以上の幸せはない。

二〇二三年十月

桐野作人

【付録】猫追い歴史旅

一年を通じて、猫にまつわる催事が各地で行われている。ここでは代表的な催事を紹介していこう。意外に身近な猫の存在を感じられることだろう。

元旦　亀岡八幡宮で初詣（新宿区市ヶ谷）

太田《おおた》道灌《どうかん》が鶴岡八幡宮《つるがおかはちまんぐう》の分霊を勧請したと伝えられる。道灌は源頼光《みなもとのよりみつ》を祖とする摂津源氏で、以仁王《もちひとおう》の乱に散った源三位頼政《げんさんみよりまさ》の子孫に当たる。敷地内には空海《くうかい》創建と伝わる茶ノ木稲荷《ちゃのきいなり》神社がある。

ペット連れで初詣に訪れる参拝者が多い。予約すれば一緒に新年の祈禱も受けられる。

＊　＊　＊

頼光の異母弟に河内源氏の祖・頼義《よりよし》がいる（子孫が頼朝《よりとも》・義経《よしつね》）。頼義が石清水八幡宮《いわしみずはちまんぐう》を勧請したと伝わるのが東京都台東区にある今戸《いまど》神社である（第二章コラム）。同社は沖田総司《おきたそうじ》（第三章コラムに登場）終焉の地であると称しており、その旨を記した石碑があるが、現在は疑問視されている。

なお、同じく第二章のコラムにある東京都世田谷区の豪徳寺《ごうとくじ》だが、奉納される招き猫の最多時期は一月であるらしい。小判は持たないシンプルな招き猫を授与してくれる。

一月二日　黙阿弥愛猫の命日に

東京都中野区源通寺《げんつうじ》の河竹《かわたけ》家墓所には、河竹家代々の墓を中心に、右側に黙阿弥《もくあみ》墓碑、左に黙阿弥愛猫の墓碑がある。明治十九年（一八八六）一月二日に「太郎猫」は没した（第三章コラム）。

節分　猫寺で猫地蔵像のご開帳

豪徳寺と並び、「猫寺」と称されるのが、東京都新宿区西落合の自性院《じしょういん》無量寺《むりょうじ》である。空海が観音像を建立したのが始まりとされる。

前述の太田道灌は、戦乱のなか黒猫の導きに救われたことがあるという。道灌はこの黒猫に深く感謝し、地蔵像を奉納した。現在は秘仏とされ、毎年節分（二月三日）の開帳にあわせ猫地蔵祭りが開かれている。

関西では京都・称念寺《しょうねんじ》が「猫寺」と呼ばれている。近年ではペット供養で有名。

二月十一日　最古の「猫命日」

第二章第二節にある最古の猫塚・賢猫之塔（東京都港区・大圓寺）の猫は明和三年（一七六六）二月十一日に没した。島津《しまづ》家の江戸菩提寺である。

二月十五日　涅槃図の公開

二月十五日（旧暦では三月）の涅槃会《ねはんえ》には全国の猫入り涅槃図が公開される。なお、京都市の真《しん》如堂《にょどう》大涅槃図の特別公開は例年三月の一ヶ月間。

五月初旬　全国でも珍しい「赤ねこ」の祭り

大分県臼杵市の福良天満宮《ふくらてんまんぐう》には「招霊赤猫社《しょうれいあかねこしゃ》」がある。「赤猫」とは大塚幸兵衛《おおつかこうべえ》に代表される、明治初期の臼杵商人たちの呼び名である。平成になって「赤猫社」が建てられ「うすき赤猫祭り」が始まった。赤猫の授与品は珍しい。

五月五日　養蚕業を護る猫神さまたち

埼玉県秩父郡は近世、養蚕業が盛んになった地で、大日《だいにち》神社では毎年この日に黒猫のお札を授与している。また、大河ドラマで一躍有名になった比企《ひき》氏の郷である比企郡・笠山《かさやま》神社でも、五月三日の例祭日に授与する猫絵入りのお札や御朱印が人気である。

＊　＊　＊

養蚕業繁栄に基づく「猫信仰」は各地にある。

新潟県長岡市・南部《なんぶ》神社の御祭神は「天香具《あまのかぐ》土命《やまのみこと》」という養蚕の神で、猫の描かれたお札を授与している。通称・猫又権現。狛犬の前に猫の石像があり「狛猫」として有名。

南魚沼市にも「八海山鼠除《はっかいさんねずみよけ》」という猫札を授与する八海山尊《はっかいさんそん》神社がある。平成期になって急激に人気が出て神社側も驚いたという。

長野県には石神仏群で知られる修那羅山安宮《しゅならさんあんぐう》神社があり「猫神様」「狛猫」と呼ばれる猫型仏が知られている。通称・しょならさま。

同様に石碑群で著名なのが宮城県丸森町である。地元は養蚕業の隆盛地で、八〇基以上の猫碑が残る。なお、石黒伸一氏の研究によれば「猫神」と彫られた碑と異なり、猫の姿が彫られた碑は飼い猫の供養塔であるという（『丸森町の猫碑めぐり』）。

六月十日　島津家由来の愛猫供養祭

第二章第四節でご紹介した仙巌園《せんがんえん》猫神の祠（鹿児島市）は、毎年「時の記念日」に愛猫供養祭を開いている。二匹の猫が描かれた絵馬も有名である。

九月　金刀比羅神社のこまねこまつり

令和二年（二〇二〇）が丹後ちりめん創業三百周年に当たるとして平成二十八年（二〇一六）よ

り京丹後市の金刀比羅神社を中心に「こまねこまつり」が開催されている。金刀比羅神社の「狛猫」は阿形は天保三年（一八三二）、吽形は弘化三年（一八四六）の作で、やはり地元の養蚕業に由来すると思われる。

九月十三日「吾輩」の命日

夏目漱石が『吾輩は猫である』のモデルにした猫は明治四十一年（一九〇五）九月十三日に没し、東京朝日新聞で報ぜられた。新宿区の漱石公園には鏡子夫人の建てた猫塔がある（第三章コラム）。

十一月八日　仮名垣魯文命日

台東区永久寺《えいきゅうじ》に「山猫めを登塚」「猫塔記念碑」「猫塚碑」そして魯文《ろぶん》の墓がある。どれも意匠が凝っている（第三章第五節）。

十二月第一土曜日　主夜祭神ご開帳

「だんのうさん」という通称で親しまれる檀王《だんのう》法林寺《ほうりんじ》のご祭神は秘仏「主夜神尊《しゅやじんそん》」。毎年十二月の第一土曜に御開帳がある。主夜神尊のお使いが黒猫であり「日本最古の招き猫の寺」とされる。「右手を上げた黒猫の招き猫」が有名（第三章コラム）。

大晦日　左甚五郎の猫たちの呼応

大阪市四天王寺《してんのうじ》の聖霊院猫之門《しょうりょういんねこのもん》にあった左《ひだり》甚五郎《じんごろう》作の猫は、同じく甚五郎作の日光東照宮《にっこうとうしょうぐう》の眠り猫と大晦日・元旦に啼きあうといわれる（第三章コラム）。時々いなくなるので金網で囲われ、ために太平洋戦争時に焼失してしまったという。

なお、静岡浅間《せんげん》神社の蟇股《かえるまた》にも「眠り猫」に似た「目覚め猫」がいる。

【付録】全国猫名所めぐり

全国各地にのこる猫の関連史跡や施設・寺社。ここでは地方別に代表的なものを紹介していこう。

〈東北地方〉

福島県

郡山市：町B遺跡「猫型土偶」

宮城県

丸森町：地元は養蚕業隆盛地。80基以上の猫碑が残る。石黒伸一氏によれば、「猫神」と彫られた碑と異なり、猫の姿が彫られた碑は飼い猫の供養塔であるという（『丸森町の猫碑めぐり』）。

山形県

高畠町：猫の宮。養蚕の神として信仰され、現在はペットの健康祈願に人々が訪れる。

〈関東地方〉

東京都

新宿区

漱石公園：漱石の夫人が建てた夏目家のペットの供養塔がある。

市谷亀岡八幡宮：太田道灌が鶴岡八幡宮の分霊を勧請。道灌の軍配団扇を宝物としている。ペット連れの初詣が有名。

自性院無量寺：地蔵堂の猫地蔵尊（秘仏）が節分会に開帳され、猫地蔵まつりも開催。猫地蔵尊の一体は激戦中の太田道灌を道案内した黒猫ゆかりといわれる。通称・猫寺。

墨田区

回向院：「明暦の大火」犠牲者の無縁塚に始まる。山東京伝の墓所。『藤岡屋日記』によれば鼠小僧次郎吉の墓の隣の猫塚（文化13年）は、両替町の商人・時田喜三郎の飼い猫の墓。正面には「値善畜男」と彫ったという。ペットの火葬を年中無休で受け付けている。

世田谷区

豪徳寺：彦根藩井伊家菩提寺。井伊直孝を招いた白猫の名前はたまと伝わる。大量の招き猫を納める猫塚が圧巻。招き猫は「招福猫児」と呼ばれ、招猫観音菩薩を本尊とする招福殿がある。境内の三重塔に飾られた十二支像のうち、ねずみには招き猫が寄り添っている。（第二章コラム②）

台東区

今戸神社：源頼義が石清水八幡宮を勧請し創建。
永久寺：「山猫めを登塚」他。
東京国立博物館：「鳥獣人物戯画」甲・丙巻。「娘に猫」歌川国政。

千代田区

国立公文書館：『柳営日次記』第四十八冊。寛

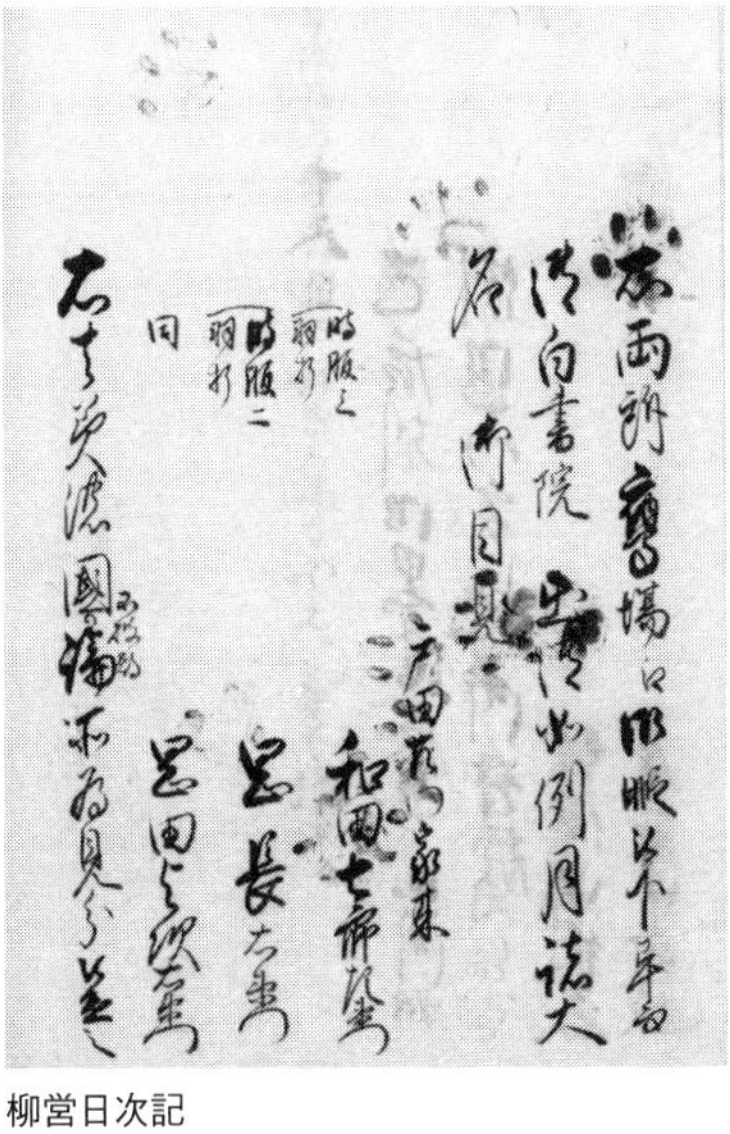

柳営日次記

文十二年（一六七二）十月十五日条に猫の墨の足跡が残る。
宮内庁三の丸尚蔵館：「群獣図屏風」円山応挙の虎と猫が一双に。「春日権現験記絵」（国宝）。

中野区

源通寺：河竹黙阿弥愛猫・太郎猫の墓碑。

文京区

永青文庫「黒き猫」菱田春草（重文）：ニッポンでもっとも有名な烏猫図。「虎図」仙厓義梵。
護国寺：徳川綱吉が母・桂昌院のために建立。「百畳敷の猫曼荼羅」（非公開）。

港区

増上寺：猫入り涅槃図。
大圓寺：島津藩の江戸菩提寺。「賢猫之塔」がある。
サントリー美術館：「樹下麝香猫図屏風」。

千葉県

国立歴史民俗博物館：「南蛮人来朝図屏風」上陸した南蛮人がひもをつけた猫を連れている。

埼玉県

大日神社：秩父郡近辺も養蚕業の地で五月五日に授与しているお札には黒猫がいる。
笠山神社（比企郡）：比企氏の故郷である比企郡。御朱印にもお札にも猫が描かれている。

茨城県

弘経寺（常総市）：「千姫像」。

群馬県

群馬県立歴史博物館（高崎市）：「新田猫」。

栃木県

日光東照宮：「眠り猫」。

神奈川県

称名寺（稱名寺、横浜市）：金沢文庫は「神奈川県立金沢文庫」として博物館となっている。

東慶寺（鎌倉市）：開山は北条時宗夫人の尼寺。

〈中部地方〉

石川県

七尾市：長谷川等伯ゆかりの地。猫入り涅槃図複数。

新潟県

南部神社（長岡市）：通称・猫又権現。御祭神は「天香具土命」（養蚕の神）で、猫絵のお札を授与している。狛犬の前に猫の石像（狛猫）がある。

八海山尊神社（南魚沼市）：「八海山鼠除」という猫のお札が有名。

極楽寺（柏崎市）：総刺繍製の猫入り涅槃図。

長野県

修那羅山安宮神社：通称・しょならさま。石神仏群の中に「猫神様」「狛猫」と呼ばれる猫型仏がある。養蚕業由来か。

愛知県

名古屋市

名古屋城：「麝香猫図」。

徳川美術館：「南泉一文字」。

静岡県

静岡浅間神社（静岡市）：日光東照宮の「眠り猫」に似た「目覚め猫」が蟇股にいる。

〈近畿地方〉

大阪府

大阪市

四天王寺：太子殿（聖霊院）に「猫の門」。

住吉大社・楠珺社：通称・はったつさん。毎月「初辰の日」に参拝すると、名物の「裃をつけた招き猫」を授与され、これを四十八体集めると「始終発達」を寿ぎ、大きい招き猫に交換してくれる。これを12年続けて満願成就には大招き猫を授かる。全国の住吉神社の総本社で『源氏物語』の明石一族の守護神である。奇数月に左手を上げた「人招き」、偶数月に右手を上げた「お金招き」の招き猫を授与され、大猫も左手・右手を揃えてと大願成就となる。島津忠久の誕生の地「誕生石」も現存。

京都府

京都市

北野天満宮：「猫丸」（脇差）。

京都御所：「猫・竹雀」小障子。清涼殿西廂の「御手水の間」と「朝餉の間」の間にある衝立障子。清涼殿は承久元年に焼失して以降、平安期の姿でなかったが寛政二年に再興された（嘉永七年焼失）。現在の清涼殿は安政二年造営。

称念寺：慶長年間に松平信吉の帰依により建立。寺伝に猫の伝説がある「猫寺」。境内には猫が伏せたように見えるという「猫松」があり、近年ではペット供養で有名。
檀王法林寺：通称・だんのうさん。御祭神の秘仏「主夜神尊」は黒猫で、十二月の第一土曜に御開帳がある。「日本最古の招き猫の寺」として、黒い招き猫が有名。
知恩院：「三宝正面真向の猫」狩野信政。
南禅寺：「南泉斬猫図」長谷川等伯。
「牡丹麝香猫」の障壁画。
妙心寺天球院：「牡丹睡猫図」杉戸絵。
若宮八幡宮社：「足利将軍若宮八幡宮参詣絵巻（足利義持参拝絵巻）」。
京都国立博物館：「鳥獣人物戯画」乙・丁巻。
東福寺・本法寺・天龍寺・檀王法林寺・真如堂に猫入り涅槃図。
金刀比羅神社（京丹後市）：境内の木島神社・猿田彦神社に狛猫一対がある。阿形は天保三（一八三二）年、吽形は弘化三（一八四六）年の作。木島神社は京都太秦の「蚕ノ社」から勧請された。

滋賀県

大津市

三井寺（園城寺）：勧学院客殿「牡丹花下睡猫児」杉戸絵。
石山寺：「石山寺縁起絵巻」（重要文化財）。

奈良県

春日大社（奈良市）：「金地螺鈿毛抜形太刀」（国宝）。
大和文華館（奈良市）：「蜀葵遊猫図」（伝・毛益／重文）。
朝護孫子寺（生駒郡）：「信貴山縁起絵巻」（国宝：奈良国立博物館に委託）。

兵庫県

見野の郷交流館（姫路市）：「猫の足跡つき須恵器片」。

三重県

西念寺（鳥羽市）：志摩鳥羽藩内藤家菩提寺。総刺繡製の猫入り涅槃図。

〈四国地方〉

愛媛県

湯築城資料館（松山市）：「猫の足跡つき土師器」。

香川県

法然寺（高松市）：立体の涅槃図。

徳島県

王子神社（徳島市）：通称・猫神さん。阿波の化け猫騒動に由来する。飼い主の非業の死を三毛猫「玉」が怨み、死者も出たという。玉と飼い主のお松の鎮魂を祈り「お松大権現」として知られるようになった。

〈中国地方〉

山口県

防府天満宮（防府市）：最古の天満宮と称する。「松崎天神縁起絵巻」（重文）には民家の囲炉裏近くに猫が描かれている。

〈九州地方〉

大分県

福良天満宮（臼杵市）：境内に「招霊赤猫社」。

鹿児島県

仙巌園猫神の祠（鹿児島市）：毎年六月十日の「時の記念日」に愛猫供養祭。二匹の猫の絵馬も有名である。

猫城趾（南九州市）：応永二十七（一四二〇）に穎娃《えい》氏が島津久豊と戦った際、この城に第二軍を置いたと伝わる。山景が猫の背伸びをした姿に見えるのが名前の由来か。

長崎県

カラカミ遺跡（壱岐市）。

猫城趾

関連年表

和暦（西暦）	猫の出来事	当時の出来事
元慶八年（８８４）	源定省（宇多天皇）が父・光孝天皇より黒猫を拝領する『寛平御記』	菅原道真客死（９０３）
長保元年（９９９）	一条天皇の宮廷で猫の産養の記録『小右記』	
長保二年（１０００）	一条天皇の愛猫「命婦のおとど」の記録『枕草子』	宮中で『源氏物語』製本（１００８）
治安二年（１０２２）	菅原孝標女が迷い猫を発見『更科日記』	
保延年間（１１３５―４１）	藤原頼長が愛猫を弔う『台記』	保元の乱（１１５６）
文治二年（１１８６）	西行が源頼朝より「しろがねの猫」を贈られる『吾妻鏡』	壇ノ浦の合戦（１１８５）
文治五年（１１８９）	奥州藤原氏滅亡。平泉の館より「銀造りの猫」が見つかる『吾妻鑑』	西行入寂（１１９０）
承元元年（１２０７）	藤原定家が飼い猫の死を悼む『明月記』	牧氏事件（１２０５）
建暦元年（１２１１）	春華門院の急逝に際し、健御前が猫の夢を見る『たまきはる』	源実朝暗殺（１２１９）
建治元年（１２７５）	北条実時が隠棲先で蔵書を集めた文庫をつくる（金沢文庫）	承久の乱（１２２１）
延慶二年（１３０９）	猫が描かれた『春日権現絵巻』が春日大社に奉納される	
延慶年間（１３０８―１１）	勅撰集に未収載の和歌を集めた『夫木和歌抄』に猫の和歌三首が収載	建武の新政（１３３３）
貞治初期（１３６３―８）	四辻善成が足利義詮に『河海抄』を献上（宇多天皇の猫記録記載）	
応永十五年（１４０８）頃	吉山明兆により東福寺の猫入り涅槃絵が製作される	足利義満没（１４０８）
応永二十六年（１４１９）	伏見宮貞成親王が飼い猫の死を悼む『看聞日記』	
天文十五年（１５４６）	甲斐宗雲夫人の飼い猫をきっかけに合戦勃発	織田信長元服（１５４６）
永禄十一年（１５６８）	新納忠元が「牡丹花睡猫心在飛蝶」と落書しながらも敵を殲滅『新納忠元勲功記』	東大寺大仏殿焼失（１５６７）
元亀三年（１５７２）	多聞院英俊が飼い猫に戒名をつける『多聞院日記』	

天正五年（1577）	織田信長が奈良に猫・鶏の御用。鷹の餌のため『多聞院日記』	本能寺の変（1582）
天正十九年（1591）	京都所司代の前田玄以が「盗猫」「迷い猫の捕獲」「猫の売買」を禁ず	
文禄二年（1593）	豊臣秀吉の猫が行方不明になり浅野長吉が奔走する 陣中に猫も共に渡海した島津家の久保が文禄の役中に病没	
文禄四年（1595）	山科言経が猫を借りる『言経卿記』	
慶長六年（1601）	島津義久が近衛前久に猫を贈ると約束	関ケ原の合戦（1600）
慶長七年（1602）	京で「猫をつなぐこと」が禁じられ西洞院時慶が弊害を嘆く『時慶記』	
慶長十年（1605）	西洞院時慶が後陽成天皇より唐猫を拝領する『時慶記』	家康が『源氏』講義受講（1614）
慶長十三年（1608）	毛利輝元が「他人の放し飼い猫」をつなぐことを禁ずる「毛利家文書」	
慶長十六年（1611）	二条城にて徳川家康と豊臣秀頼会見。秀頼が名刀「南泉一文字」を献上	
慶長二十年（1615）	大坂の陣中より山口小平次が妻に書状。猫に言及する	
元和七年（1621―22）	伊達政宗が子猫の礼状を出す	桂離宮創建
元和九年（1623）	細川忠興が忠利に唐猫を所望	
寛永三年（1626）	忠興が再び唐猫所望、織田信雄にも贈ったか	
寛永九年（1632）	長崎奉行より家光へ「毛長猫」「麝香猫」献上『徳川実記』	紫衣事件
寛永十一年（1634）	日光東照宮「寛永の大造替」眠り猫誕生か	参勤交代制始まる
寛永二十一年（1644）	富山藩主前田利次が「猫の売買」の禁令を発令	明国滅亡
寛文十年（1670）	出雲国神門郡都築六ヶ村が「犬猫改帳」提出	伊達騒動（1671）
宝永六年（1709）	真如堂の「猫入り大涅槃図」三井家女性らにより作成・寄進	徳川綱吉没
明和三年（1766）	島津家の菩提寺に「賢猫之塔」建立。猫の墓としては最古か	鈴木春信「錦絵」で活躍始
天明二年（1782）	六義園の長局に猫が迷い込む。鼠を捕らせて飼うことに『宴遊日記』	天明の大飢饉
文化十年（1813）	岩松徳純が一ヶ月に九十六枚の猫絵を描く『信州御道中御画願人控』	

文化十三年（１８１６）	両替町商人・時田喜三郎が回向院に猫の墓を立てる『藤岡屋日記』	
文政十二年（１８２９）	京都御所再建で朝餉の間の猫障子復元	『修紫田舎源氏』刊行開始
天保十二年（１８４１）	曲亭馬琴『頼豪阿闍梨怪鼠伝』発売。木曽義高が猫間光実と対決	徳川家斉没
天保十三年（１８４２）	山東京山『朧月猫の草紙』初編・第二編発売 安藤広重が「にゃんぐいわたり」を描く	人情本等に出版禁制 柳亭種彦・為永春水没
弘化四年（１８４７）	江戸城大奥で黒猫捕獲。佃島に放される『言贈帳』	善光寺地震
嘉永元年（１８４８）	滝沢馬琴宅の迷い猫が子猫を産む『曲亭馬琴日記』	曲亭（滝沢）馬琴没
嘉永五年（１８５２）	滝沢路女の愛猫・仁助が闘病『瀧沢路女日記』	ペリーが日本に向け出航
文久三年（１８６３）	仮名垣魯文が『朧月猫の草紙』のリメイク版『黄金花猫目蔓』を出版	徳川家茂上洛
慶応三年（１８６７）	「猫に牡丹」図のある近江屋で坂本龍馬暗殺	大政奉還／夏目漱石誕生
明治五年（１８７２）	大塚護国寺の観世音御開帳で『百畳敷の猫曼荼羅（大涅槃会）』公開	東京府内で郵便施行
明治十一年（１８７８）	仮名垣魯文が両国で書画会「珍猫百覧会」を開催	大久保利通暗殺
明治十四年（１８８１）	榎本武揚が竹島から連れてきた山猫没	国会開設の詔
明治十九年（１８８６）	河竹黙阿弥の愛猫「太郎猫」没。娘の糸女が墓碑を源通寺に建てる。 月岡芳年が猫と天璋院を描く『近世人物誌』	コレラ流行
明治二十年（１８８７）	明治天皇が徳川家に行幸。「毛植え」の虎と猫を下賜	島津久光没
明治二十六年（１８９３）	エドガー・アラン・ポーの『黒猫』を内田魯庵が翻訳	河竹黙阿弥没
明治三十八年（１９０５）	「ホトトギス」誌上で『吾輩は猫である』掲載。その後、連載化。	日露戦争
明治四十一年（１９０８）	東京朝日新聞が夏目家の猫の死去を報道	松平定敬没
明治四十三年（１９１０）	菱田春草が『黒き猫』発表	徳川昭武没
大正十二年（１９２３）	河竹糸女の愛猫くうが関東大震災で行方不明になる『作家の家』	
平成二十三年（２０１１）	長崎県カラカミ遺跡でイエネコの橈骨が見つかる	

参考文献（五十音順）

◆全体

【史料】
大田南畝「あやめ草」（『大田南畝全集』二、岩波書店、一九八六年）
李時珍著・鈴木真海訳・白井光太郎校注『国訳本草綱目』新詳増補版第十二冊獣部（春陽堂書店、一九七七年）
吉田兼好「徒然草」（『方丈記　徒然草』完訳日本の古典三七、小学館、一九八六年）
「猫の草子」（大島建彦校注・訳『御伽草子集』日本古典文学全集三六、小学館、一九七四年）
暉峻康隆ほか校注『蕪村集　一茶集』日本古典文学大系五八（岩波書店、一九五八年）
寺島良安『和漢三才図会』〈東洋文庫〉（平凡社、一九八九年）

【論著】
今村与志雄『猫談義　今と昔』（東方書店、一九八六年）
大木　卓『猫の民俗学』（田畑書店、一九七五年）
河竹登志夫『作者の家　黙阿弥以後の人びと』（講談社、一九八〇年）
鈴木健一編『鳥獣虫魚の文学史　日本古典の文学観』獣の巻（三弥井書店、二〇一一年）
平岩米吉『猫の歴史と奇話』（精興社、一九八五年）
藤原重雄『史料としての猫絵』〈日本史リブレット〉（山川出版社、二〇一四年）
吉海直人『だれも知らなかった「百人一首」』〈ちくま文庫〉（筑摩書房、二〇一一年）

◆はじめに

『寧府紀事』（川路聖謨『川路聖謨文書』〈日本史籍協会叢書〉、一九六七年）

高村光雲『幕末維新懐古談』〈岩波文庫〉（岩波書店、一九九五年）

◆第一章

【史料】

竜粛訳注『吾妻鏡』（〈岩波文庫〉、岩波書店、一九八二年）

「伊勢物語」（『竹取物語・伊勢物語』（新日本古典文学大系一七、岩波書店、一九九七年）

松村博司、山中裕校注『榮花物語』（日本古典文學大系七五、岩波書店、一九六四年）

四辻善成「河海抄」（『紫明抄　河海抄』角川書店、一九七八年）

伏見宮貞成『看聞日記』（国立国会図書館デジタルコレクション、一九三一年）

慈　円『愚管抄』（全現代語訳、講談社学術文庫、二〇一二年）

田宮仲宣「愚雑俎」（『日本随筆大成』第三期第九巻、日本随筆大成編輯部編、吉川弘文館、一九九五年）

紫式部『源氏物語』（柳井滋ほか校注、新日本古典文学大系二一、岩波書店、一九九五年）

藤原行成『権記』（『史料大成』臨川書店、一九七五年）

橘　成季『古今著聞集』（新潮日本古典集成、新潮社、一九八三年）

今野達校注『今昔物語集』（新日本古典文学大系：三三―三七、岩波書店、一九九三―一九九七年）

菅原孝標女『更級日記』（犬養廉校注、日本古典文学全集一八、小学館、一九七一年）

藤原実資『小右記』（『史料大成　別巻』臨川書店、一九七五年）

小泉八雲「知られぬ日本の面影」(『小泉八雲集』新潮文庫、二〇一二年)
藤原頼長『台記』(『史料大成』臨川書店、一九七五年)
建春門院中納言「たまきはる」(三角洋一校注『とはずがたり・たまきはる』新日本古典文学大系、岩波書店、一九九四年)
越谷吾山『物類称呼』(東條操校訂、岩波文庫、一九四一年)
菅江真澄「筆のまにまに」(内田武志編『菅江真澄随筆集』〈東洋文庫一四三〉、平凡社、一九六九年)
藤原長清撰『夫木和歌抄』(宮内庁書陵部編、圖書寮叢刊、明治書院、一九八四—一九九三年)
清少納言『枕草子』(渡辺実校注、新日本古典文学大系二五、岩波書店、一九九一年)
『御堂関白記全注釈』藤原道長、山中裕編、思文閣出版、二〇〇五年)
藤原定家『明月記』(国書刊行会、一九八五年)

【MOOKなど】
「〔大阪〕四天王寺/扇面法華経/〔京都〕東寺/空海・風信帖/〔奈良〕法隆寺/釈迦三尊」NHK取材班『NHK国宝への旅』一〇(日本放送協会、一九八八年)
「奈良　春日大社/宝刀/京都　西本願寺/飛雲閣/奈良　薬師寺/神奈川・京都　一遍上人絵伝」NHK取材班『NHK国宝への旅』一一(日本放送協会、一九八八年)
「鳥獣戯画の謎」(『別冊宝島』二三〇二号、二〇一五年)

【論著】
今関敏子「『たまきはる』における夢の表象」(『川村学園女子大学研究紀要』一九、二〇〇八年)

江原絢子・石川尚子・東四柳祥子『日本食物史』（吉川弘文館、二〇〇九年）
角田文衛『承香殿の女御　復原された源氏物語の世界』（〈中公新書二五〉、中央公論社、一九六三年）
梶島孝雄『資料日本動物史』（八坂書房、一九九七年）
岸上慎二『清少納言　新装版』（〈人物叢書〉吉川弘文館、一九八七年）
木村朗子『女たちの平安宮廷　『栄花物語』によむ権力と性』（〈講談社選書メチエ〉講談社、二〇一五年）
久保木寿子『和泉式部：実存を見つめる』（〈日本の作家十三〉新典社、二〇〇〇年）
倉本一宏『一条天皇　新装版』（〈人物叢書〉吉川弘文館、二〇〇三年）
倉本一宏『藤原道長の日常生活』（〈講談社現代新書二一九六〉講談社、二〇一三年）
黒板伸夫『藤原行成　新装版』（〈人物叢書〉吉川弘文館、一九九四年）
五味文彦『「枕草子」の歴史学』（朝日新聞出版、二〇一四年）
五味文彦『藤原定家の時代：中世文化の空間』（〈岩波新書〉岩波書店、一九九一年）
笹山晴生「政治史上の宇多天皇」（学習院大学史学会第一九回記念講演、『学習院史学』四二、二〇〇四年）
佐藤晃子『源氏物語解剖図鑑』（株式会社エクスナレッジ、二〇二一年）
清水由美子「頼豪説話の展開：延慶本『平家物語』を中心に」（『千葉大学社会文化科学研究科研究プロジェクト報告書』第一〇三号、一九九九年）
杉浦昭典「船上の猫と鼠」（『海事資料館年報』一四、一九八六年）
鈴木一雄監修『源氏物語の鑑賞と基礎知識』若菜（至文堂、二〇〇四年）
鈴木敏弘「摂関政治成立期の国家政策―花山天皇期の政権構造」（『法政史学』五〇、一九九八年）
宗田一『日本の名薬　売薬の文化誌』（八坂書房、一九八一年）

津本信博『菅原孝標女：更級日記作者』（〈日本の作家十四〉新典社、一九八六年）
寺崎昌男『金沢文庫の研究』（〈日本教育史基本文献・史料叢書一七〉大空社、一九九二年）
所　功『菅原道真の実像』（臨川選書、二〇〇二年）
中西　裕「日本「猫」文学史序説（一）―唐猫の頃まで―」（『日本文學誌要』三七、一九八七年）
中西　裕「日本「猫」文学史序説（二）―そろそろ猫が化ける頃―」（『日本文學誌要』三八、一九八七年）
西本豊弘、新美倫子『事典　人と動物の考古学』（吉川弘文館、二〇一〇年）
橋本義彦『藤原頼長　新装版』（〈人物叢書〉吉川弘文館、一九八八年）
平岩由伎子『猫になった山猫』（築地書館、二〇〇二年）
福田景道「歴史物語における不即位東宮：「先坊（前坊）」再考」（『島根大学教育学部紀要』第四九号、二〇一六年）
村井康彦『藤原定家：『明月記』の世界』（岩波新書、二〇二〇年）
村山修一『藤原定家　新装版』（〈人物叢書〉吉川弘文館、一九八九年）
山本淳子『源氏物語の時代　一条天皇と后たちのものがたり』（朝日新聞社、二〇〇七年）
吉田　豊『牛乳と日本人　新版』（新宿書房、二〇〇〇年）

◆第二章

【史料】

『江戸動物図鑑』（東京都港区港郷土資料館編・刊、二〇〇二年）
「大友興廃記」『大分縣郷土史料集成』上巻（大分縣郷土史料集成刊行會）
「甲斐宗運記」『碩田叢史』（東京大学史料編纂所架蔵）

鹿児島県維新史料編さん所編『鹿児島県史料 旧記雑録後編二・三』（鹿児島県、一九八二・一九八三年）
鹿児島県歴史資料センター黎明館編『鹿児島県史料 旧記雑録附録二』（鹿児島県、一九八七年）
「国分諸古記」『国分郷土誌』資料編（国分郷土誌編纂委員会編、国分市）
「薩藩旧伝集」『新薩藩叢書二』（歴史図書社、一九七一年）
時慶記研究会翻刻・校訂『時慶記』第一〜三巻（本願寺出版社刊、臨川書店発売、二〇〇二年・二〇〇五年・二〇〇八年）
国書刊行会編『増訂 武江年表』（前野書店、一九二五年）
奥野高広・岩沢愿彦校注『信長公記』（角川文庫、一九六九年）
『新訂 寛政重修諸家譜』第十二（続群書類従完成会、一九六五年）
桑田忠親『太閤書信』（東洋書院、一九九一年）
鹿児島県歴史資料センター黎明館編「新納忠元勲功記」（『鹿児島県史料 旧記雑録拾遺 伊地知季安著作資料集二』（鹿児島県、一九九九年）
大田南畝「半日閑話」（日本随筆大成編輯部編『日本随筆大成』第一期第八巻、吉川弘文館、一九七五年）
「兵部省口書」『坂本龍馬関係文書』第一（日本史籍協会編、東京大学出版会、一九二六年）
「本朝皇胤紹運録」『群書類従』第五輯（続群書類従完成会、一九五四年）
伊藤松宇校訂『風俗文選』（岩波文庫、一九二八年）
「六寺社調」『国分郷土誌』資料編（国分郷土誌編纂委員会編、国分市

【論著】
井上良吉『礒乃名所旧蹟』（私家版、一九三二年）
上田　穰「歴史家の見た御伽草子『猫のさうし』と禁制」奈良県立大学『研究季報』創立五〇周年記念号（第一四巻二・三号、二〇〇三年）、「三雲家文書について」（『大阪市立博物館紀要』四号、一九七二年）
岡　宏三「松江藩の『犬猫改帳』」（『日本歴史』八九八号、二〇二三年）
奥野高廣『皇室御経済史の研究』（畝傍書房、一九四二年）
小島瓔禮『猫の王』（小学館、一九九九年）
島津忠重『炉辺南国記』（鹿児島史談会、一九五七年）
田中貴子『猫の古典文学誌―鈴の音が聞こえる』（講談社学術文庫、二〇一四年）
西尾秋風「血染め屏風はこうして発見された」『別冊歴史読本　坂本龍馬と沖田総司』（新人物往来社、一九八一年）
芳賀幸四郎「非合理の世界と中世人の意識―多聞院英俊の夢―」（『東京教育大学文学部紀要』三六、一九六二年）
平岩米吉『猫の歴史と奇話』（精興社、一九八五年）
平山敏四郎『日本中世家族の研究』（法政大学出版局、一九八〇年）
福川一徳「「国崩」伝来考」（『古文書研究』一〇号、一九七六年）
藤井讓治編『織豊期主要人物居所集成』第2版（思文閣出版、二〇一六年）
村井祐樹「東京大学史料編纂所所蔵『中務大輔家久公御上京日記』」（『東京大学史料編纂所研究紀要』一六号、二〇〇六年）
守屋奈賀登・桑幡公幸『国分の古蹟』（私家版、一九〇五年）
森脇崇文「文禄四年豪姫「狐憑き」騒動の復元と考察」（『岡山地方史研究』一三八号、二〇一六年）
渡辺世祐『豊太閤の私的生活』（創元社、一九三九年）

近藤敏喬『宮廷公家系図集覧』（東京堂出版、一九九四年）
高柳光寿・松平年一『戦国人名辞典』（吉川弘文館、一九六二年）

◆第三章

【史料】

『言贈帳』（一八四七年、国立公文書館デジタルアーカイブ）
長部日出雄「家なき猫たち」（阿部昭編『猫』〈日本の名随筆三〉作品社、一九八二年）
契　沖「円珠庵雑記」（日本随筆大成編輯部編『日本随筆大成』第二期第二巻、吉川弘文館、一九九四年）
駒井乗邨『鶯宿日記』（国立国会図書館デジタルコレクション）
曲亭馬琴「燕石雑志」（日本随筆大成編輯部編『日本随筆大成』第二期第一九巻、吉川弘文館、一九九五年）
「宴遊日記」（藝能史研究會編『日本庶民文化史料集成』十三 芸能記録（二）、三一書房、一九七七年）
歌川国芳絵「大島台猫の嫁入」（鈴木重三・木村八重子編『近世子どもの絵本集 江戸編』、岩波書店、一九八五年）
「蚕飼養法記」（『日本農書全集』四七、農山漁村文化協会、一九九七年）
山崎美成『海録：江戸考証百科』（ゆまに書房、一九九九年）
松浦静山『甲子夜話 二』（巻二十、〈東洋文庫〉平凡社、一九七八年）
松浦静山『甲子夜話三篇 四』（巻四三、〈東洋文庫〉平凡社、一九七八年）
曲亭馬琴『曲亭馬琴日記』（中央公論社、二〇〇九年）
山東京伝「骨董集」（日本随筆大成編輯部編『日本随筆大成』第一期第一五巻、吉川弘文館、一九九四年）
柴田収蔵『柴田収蔵日記 村の洋学者』（〈東洋文庫〉平凡社、一九九六年）

北尾政演『新美人合自筆鏡』（一七八四年、国立国会図書館デジタルコレクション）
近藤俊文・水野浩一編『伊達宗徳公在京日記　慶長四辰七月廿二日より明治元辰十月十八日着城迄』（〈宇和島・仙台伊達家戊辰戦争関連史料その二〉創泉堂出版、二〇一八年）
ローラ・インガルス・ワイルダー『大草原の小さな町』（〈岩波少年文庫〉岩波書店、二〇〇〇年）
瀧沢路著、柴田光彦・大久保恵子編『瀧沢路女日記』（中央公論新社、二〇一二―二〇一三年）
深村淙庵『譚海』（〈日本庶民生活史料集成八「見聞記」〉三一書房、一九六五年）
佚斎樗山「猫の妙術」（『天狗芸術論・猫の妙術　全訳注』講談社学術文庫、二〇一四年）
「曠野」（白石悌三・上野洋三校注『芭蕉七部集』〈新日本古典文学大系七〇〉岩波書店、一九九〇年）
大田南畝「半日閑話」（日本随筆大成編輯部編『日本随筆大成』第一期第八巻、吉川弘文館、一九九三年）
斎藤月岑『武江年表』二（〈東洋文庫〉平凡社、一九六八年）
大田南畝「奴凧」（『寝惚先生文集・狂歌才蔵集・四方のあか』新日本古典文学大系八四、一九九三年）
貝原篤信『大和本草』（有明書房、一九九二年）
「よしの草子」（森重三ほか編『随筆百花苑』八、九、中央公論社、一九八〇年）

【図録】
ボストン美術館所蔵『俺たちの国芳　わたしの国貞』（松嶋雅人監修、二〇一六年）
江戸開府四〇〇年記念『徳川将軍家展』（ＮＨＫ・ＮＨＫプロモーション編集、二〇〇三年）

【論著】
麻生磯次『滝沢馬琴　新装版』〈人物叢書〉吉川弘文館、一九八七年）
伊藤克枝「蚕織錦絵にみられる猫」（『浮世絵芸術』一五二、特集「犬と猫と」、二〇〇六年）
井出洋一郎『名画のネコはなんでも知っている』（株式会社エクスナレッジ、二〇一五年）
稲垣進一・悳俊彦『江戸猫　浮世絵猫づくし』（東京書籍、二〇一〇年）
今泉実兵「猫に対する烏薬の応用について」（『獣医畜産新報』四五九、一九六七年）
岩切友里子「梅屋と国芳」（一）（二）（『浮世絵芸術』一〇五、一〇六、一九九二年）
岩切友里子『国芳　カラー版』〈岩波新書新赤版一五〇六〉岩波書店、二〇一四年）
氏家幹人「弘化四年『言贈帳』について」（『北の丸』第四九号、二〇一七年）
落合延孝『猫絵の殿様　領主のフォークロア』（吉川弘文館、一九九六年）
小野佐和子『六義園の庭暮らし　柳沢信鴻『宴遊日記』の世界』（平凡社、二〇一七年）
金子信久『ねこと国芳』（パイインターナショナル、二〇一二年）
金子信久『おこまの大冒険～朧月猫の草紙～』（山東京伝作／歌川国芳絵、パイインターナショナル、二〇一三年）
狩野博幸、河鍋楠美『反骨の画家河鍋暁斎』（とんぼの本、新潮社、二〇一〇年）
河竹繁俊『河竹黙阿弥　新装版』〈人物叢書〉吉川弘文館、一九八七年）
木村喜久弥『ねこ―その歴史・習性・人間との関係』（法政大学出版局、一九八六年）
渋沢栄一『徳川慶喜公伝　巻四』（竜門社、一九一八年、国立国会図書館デジタルコレクション）
須磨　章『猫は犬より働いた』（柏書房、二〇〇四年）
高田　衛『滝沢馬琴』（ミネルヴァ書房、二〇〇六年）

田口章子『江戸時代の歌舞伎役者』〈中公文庫〉中央公論新社、二〇〇二年)
竹林史博『知っておきたい涅槃図絵解きガイド』(青山社、二〇一三年)
津田眞弓「歌川国芳画『朧月猫草紙』と猫図」(『浮世絵芸術』一五二、特集「犬と猫と」、二〇〇六年)
津田眞弓『江戸絵本の匠 山東京山』〈日本の作家三三〉新典社、二〇〇五年)
日本招猫倶楽部『招き猫百科』(インプレス、二〇一五年)
畑中章宏『蚕 絹糸を吐く虫と日本人』(晶文社、二〇一五年)
ブリティッシュ・ライブラリー編『ねこの絵集 8世紀にわたる猫アートコレクション』(グラフィック社、二〇一六年)
細川博昭『大江戸飼い鳥草紙 江戸のペットブーム』〈歴史文化ライブラリー〉吉川弘文館、二〇〇六年)
松戸市戸定歴史館『プリンス・トクガワ』(二〇一二年)
三田村鳶魚「御殿女中の研究」(『三田村鳶魚全集』三、中央公論社、一九七六年)
三田村鳶魚「天璋院様の一枚絵」(『三田村鳶魚全集』二一、中央公論社、一九七七年)
J.クラットン=ブロック著・小川昭子訳『猫の博物館―ネコと人の一万年―』(東洋書林、一九九八年)

【著者略歴】

桐野作人（きりの・さくじん）

1954 年鹿児島県生まれ。歴史作家、武蔵野大学政治経済研究所客員研究員。

主な著書に『猫の日本史』（洋泉社）、『愛犬の日本史』（平凡社新書）、『本能寺の変の首謀者はだれか』『龍馬暗殺』（ともに吉川弘文館）、『織田信長』（KADOKAWA）、『関ヶ原 島津退き口』（ワニブックス）ほか多数。

第二章（コラム含む）執筆

吉門 裕（よしかど・ゆたか）

ライター。著書に『猫の日本史』（洋泉社）・『愛犬の日本史』（平凡社新書）（共に桐野作人と共著）がある。

歴史・文学および生きものについて執筆している。現在の飼い猫は赤虎毛男猫。

第一・三章（コラム含む）・付録執筆

装丁：山添創平

増補改訂《ぞうほかいてい》 猫《ねこ》の日本史《にほんし》
猫《ねこ》と日本人《にほんじん》がつむいだ千年《せんねん》のものがたり

二〇二四年一月一〇日　初版初刷発行

著　者　桐野作人・吉門 裕
発行者　伊藤光祥
発行所　戎光祥出版株式会社
東京都千代田区麹町一―七
相互半蔵門ビル八階
電　話　〇三―五二七五―三三六一㈹
FAX　〇三―五二七五―三三六五
編集協力　株式会社イズシエ・コーポレーション
印刷・製本　モリモト印刷株式会社

https://www.ebisukosyo.co.jp
info@ebisukosyo.co.jp

ISBN978-4-86403-495-1